假日有時也想輕鬆煮！

料理　小田真規子
文字　谷陵子

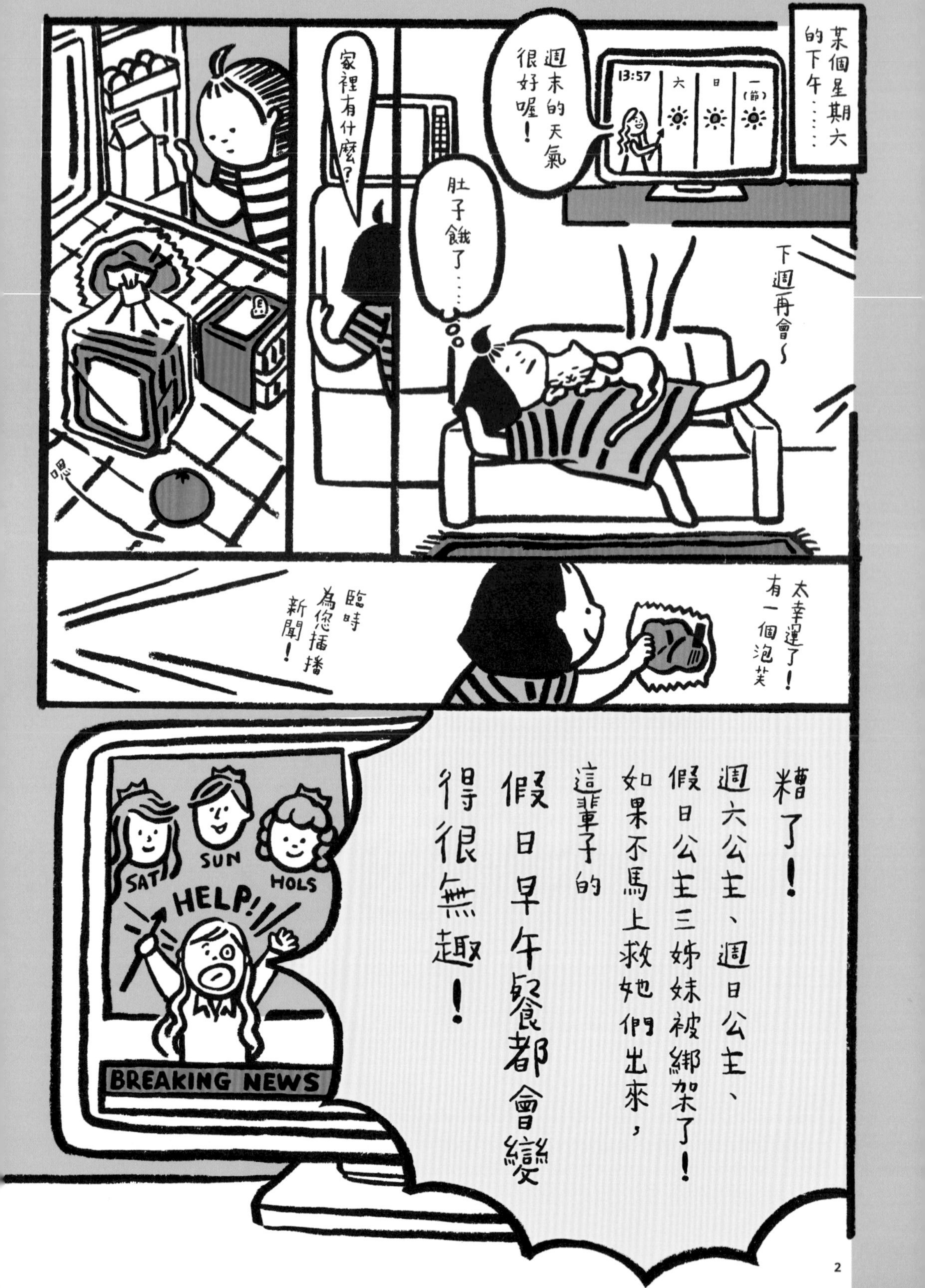
某個星期六的下午……
週末的天氣很好喔！
13:57
六
日
一(節)
肚子餓了……
下週再會～
家裡有什麼？
嗯
太幸運了！有一個泡芙
臨時為您插播新聞！
糟了！週六公主、週日公主、假日公主三姊妹被綁架了！如果不馬上救她們出來，這輩子的假日早午餐都會變得很無趣！
SAT
SUN
HOLS
HELP!
BREAKING NEWS

斷訊
什麼!?
咦!?剛才那是什麼……
靜悄悄……
現在就立刻去拯救公主們!!
妳知道嗎？1年365天裡，
平均有120天都是「假日」
喵
嗯，每週確實有2天都是假日……
月……
麵包在動，而且還會說話……
沒錯！每週都有2次救公主的機會!!
快點走吧！
好麻煩啊~~
喵

展開每年有１２０天都很開心的探險之旅吧

假日的午餐，
是最適合「探險」的食物。
咦？你問我為什麼要去探險？
那是因為探險充滿了許多可能
至今不曾被人發現的「樂趣」。

首先，一到了假日，
我們會以比平常更輕鬆的心情站在廚房裡。
所以能以積極的心態，挑戰「今天多花一點工夫來做菜吧」等
第一次嘗試的菜色。

而且所謂的午餐，
都是一些明明比早餐更有身為「料理」的飽足感，

做起來卻比晚餐簡單的品項。
像是炒飯或義大利麵等等，用一道菜就可以完成一個世界觀，
所以即使只下一點工夫，也能感受到相當大的變化。
因此過去總是把吃午餐不當一回事的人，
只要稍微改變一下觀點，就能與喜悅之心相遇。

「天津飯的作法原來這麼簡單，我都不曉得。」
「只要放上一顆溫泉蛋就變成蛋包飯了！」

沐浴在灑進屋裡的陽光下，
坐在家中的餐桌前這個最令人心情平靜的空間，
徜徉在只有午餐才能帶來的特別世界裡。
經由午餐的探險得到名為「快樂體驗」的寶物，
總有一天會變成珍貴的回憶。
那是名叫幸福的記憶，會從內心深處支撐著自己。

不必出門遠行，也不用花錢花時間，
透過自己的雙手，就能創造出實實在在的幸福。
這就是午餐的探險。

午餐的探險使用說明書

雖說是探險，但也不是那麼嚴重的事。只是為已經變得一成不變的午餐，加入一點緊張刺激的調味料，這就是本書對「探險」的定義。

只去一個地方探險

只要換掉平常吃的烏龍麵裡的麵條，只要換掉平常吃的雞蛋三明治裡的調味料，只要稍微從平常走習慣的路上岔開一下，就能享受變化的探險。

利用作法來探險

試著製作至今不曾嘗試過的料理。這麼一來，就能發現「沒想到這樣食材意外地好處理」「那個味道原來是用這種調味料做的」。這是在沒有路的地方另闢蹊徑的探險。

利用吃法來探險

例如針對尋常的飯糰，試著大膽製作「好吃」「難吃」的餡料。藉由這樣的企畫，可以讓餐桌上的氣氛變得更融洽。這是在尋常路上找出沒看過的花，改變觀點的探險。

假日早午餐的實質功效

增加拿手菜

以法式薄餅為例，大家可能會覺得「在外面吃就好了，自己做有點困難吧……」可是只要做過一次，通常會恍然大悟「什麼嘛！原來這麼簡單啊！」萬一失敗，在心理上的負擔也沒有晚餐那麼大，所以是挑戰新菜色再好不過的機會。自己的拿手菜就這麼不知不覺地增加了。

省錢

在外面吃午餐或去便利商店買午餐，無論什麼都要花錢。當然，外食也很開心，可是如果一年 120 天天天外食，累積下來也是一筆相當可觀的開銷。但是以 106 頁的乾咖哩為例，自己做的話只要 142 圓的成本就能搞定。既能吃到自己喜歡的東西，也不會造成經濟上的壓力，還能帶來「要用省下來的錢做什麼？」的附加價值。

清冰箱

平日買的蔬菜和肉還剩下一點……。假日的午餐正是處理掉這些食材的好機會。如果冰箱裡一直有庫存，買新食材的時候，腦海中就會閃過「那個好像還沒用完」的疑慮。可是只要在午餐用完，下午就能心無罣礙地去買下個禮拜的食材。如此一來，冰箱也會變得很乾淨，具有讓人身心舒暢的作用。

＼出門探險前／

「不管三七二十一先買再說！」的品項

假日的午餐，很容易因為「家裡沒有吃的東西」「家裡只有相同的食材」等理由而隨便帶過。為了不要隨便亂吃，有機會上超市的時候，請先把以下這些品項放進菜籃裡。看起來雖然是平凡無奇的食材，其實對探險很有幫助。

櫃子裡

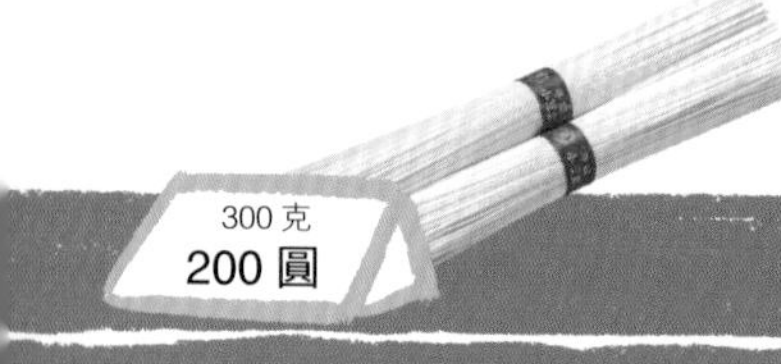
300 克
200 圓

麵線

只要 2 分鐘就能煮好，所以最適合餓得前胸貼後背，想馬上吃到的時候。但保存期限其實有 3 年之久。

5 份一包
300 圓

速食麵

各廠商深入研究的速食麵其實是很深奧的世界。只有中午才能不顧一切地吃這種垃圾食物。

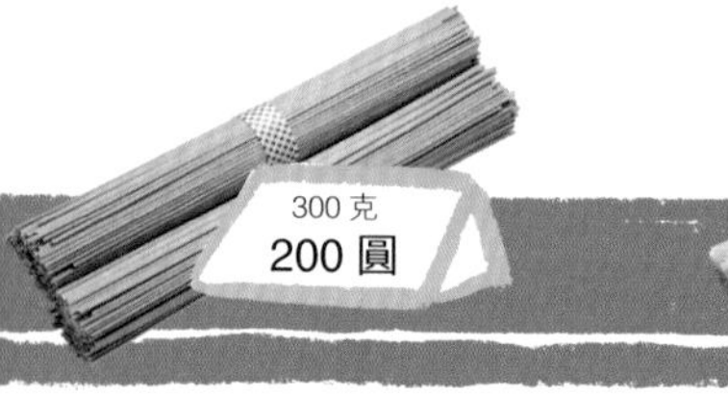
300 克
200 圓

蕎麥麵

含有多酚及礦物質、維生素 B 群，是很營養的主食。如果想吃得健康一點，不妨買一些放在家裡。

600 克
300 圓

義大利麵

這是在外面吃午餐的招牌菜色，但是在家裡吃的話，會強烈地感覺「賺到了」。最近進化到「3 分鐘快煮」。可以放 2 年。

シーチキン
ファンシー
300 克
200 圓

罐頭

鮪魚罐頭、鯖魚罐頭、鹹牛肉罐頭。如果超市有特價，請務必放到菜籃裡。發生「沒有義大利麵的配料！」危機時也很好用。

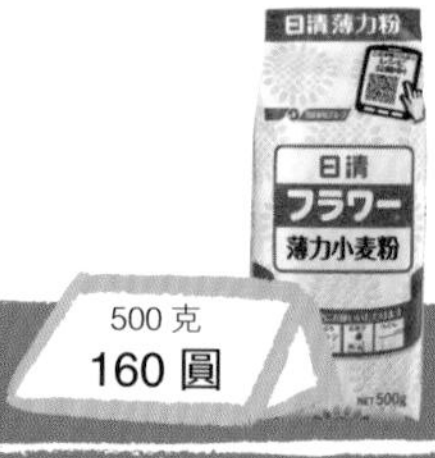
日清薄力粉
日清
フラワー
薄力小麦粉
500 克
160 圓

麵粉

可以做成法式薄餅、可麗餅、鬆餅，用途琳琅滿目，是很優秀的食材選手。開封後還能放 2 個月。最近也有容量比較少的麵粉。

不管
三七二十一
先買再說！

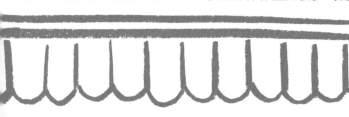

冰箱、冷凍庫裡

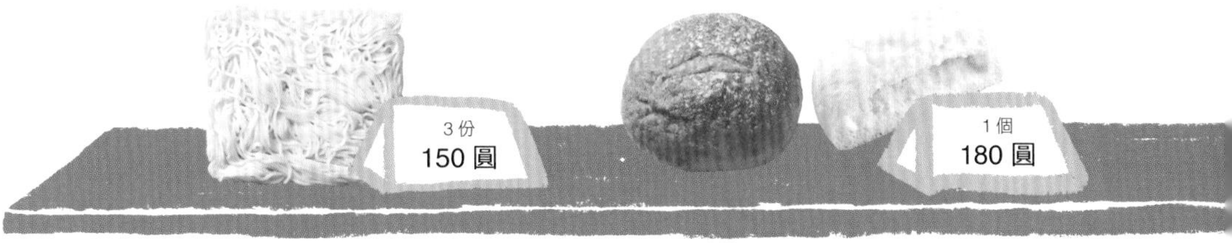
3份
150圓
1個
180圓

油麵

也就是所謂的中式麵條。可以直接做成炒麵，也能煮熟做成拉麵。還能冷凍保存，所以買起來放不會有損失。

早上不會吃的麵包

雖然都是麵包，早餐也不太會吃太大顆的圓形麵包或口袋餅。即使是早上習慣吃麵包的人，中午吃這種麵包的心情肯定也會不太一樣。

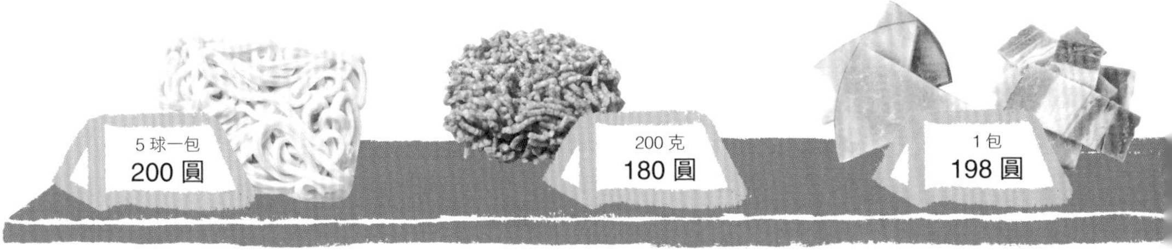
5球一包
200圓
200克
180圓
1包
198圓

冷凍烏龍麵

最近的冷凍烏龍麵都是富有嚼勁又美味的麵條。塞滿冷凍庫還能節省電費，所以請隨時準備一些。

絞肉

絞肉既不會弄髒砧板，又很快熟，還能為食物增添爆炸性的美味。冷凍備用的話，假日就可以用來犒賞自己「辛苦了」。

火腿或培根

火腿或培根、香腸的保存期限比生肉長。是「想吃肉」時的救星。也能用來熬湯或為稀飯增添風味，為料理製造畫龍點睛的效果。

10顆
200圓
meiji
明治
おいしい牛乳
牛乳
200毫升
100圓

先買再說！

蛋

是跟麵、飯、麵包都很對味的蛋白質來源。1人份的蛋包飯要用到2顆蛋，其實很快就沒了。所以請大膽地買進10顆一盒的蛋。

牛奶

有的話，可加到麵的湯頭或奶油義大利麵裡，就能增加充滿奶香味的濃郁飽足感。如果有剩的牛奶，不如當成水喝掉。

▶保存要注意！流理台下方濕氣很重，所以絕對不要把食品存放在這裡。只要放在瓦斯爐下方，或是收進櫃子裡，就能避免乾麵之類的品質劣化。

CONTENTS

LUNCH MENU

以下的目錄也可以當成菜單使用。
在興高采烈地思考要吃什麼的時候，
在問家人「想吃什麼」的時候，
不妨將以下的目錄當成菜單來用。

如果沒有材料，也可以坦言「今天賣完了」！

NOODLE

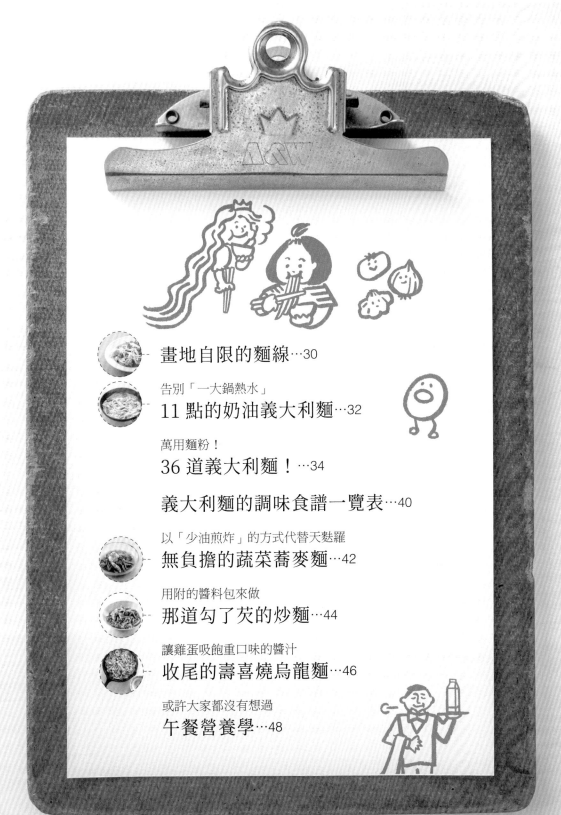

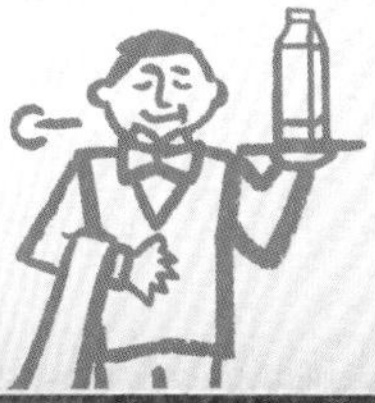

RICE

米飯的假日早午餐…50

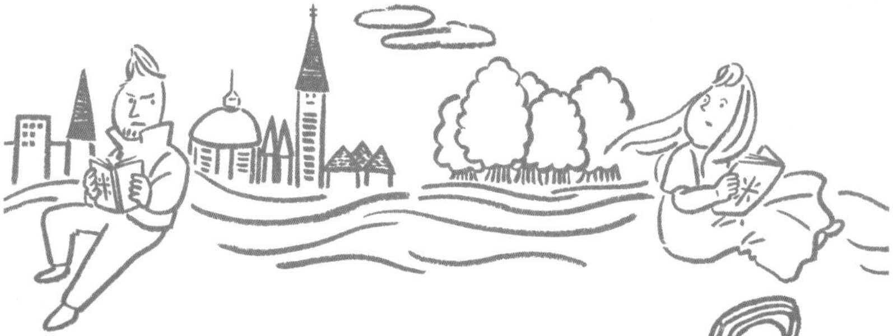

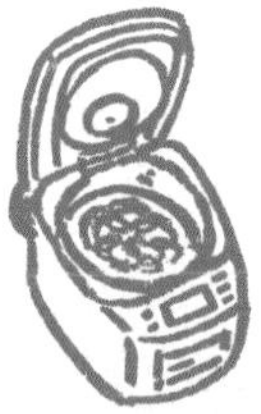

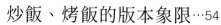

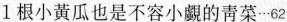

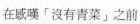

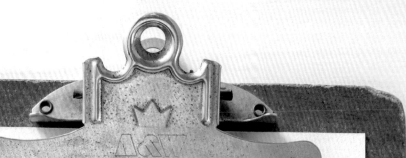

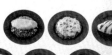

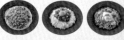

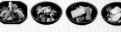

BREAD

麵包的假日早午餐…82

ONE PLATE

比外食更便宜好吃
假日的定食盤餐…100

VARIOUS

各式各樣的假日早午餐…112

因為是假日，建議吃早午餐

「早午餐」是專屬於假日的用餐方式。
早午餐是把早餐和午餐併成一餐的意思，
由 breakfast 和 lunch
這兩個單字組合而成。

早午餐的優點在於，
沒錯，就是無拘無束的感覺。
可以慢慢地做、慢慢地吃。
減少一次做飯的次數，輕鬆極了。
而且因為是把早餐和午餐併成一餐，
比平常多吃一點也無所謂。

假日是可以睡個懶覺，
比平常更晚起床的日子。
在這種日子做飯吃飯，
可以擺脫時間的限制，放慢速度。
請好好享受只有假日才能得到
「偷得浮生半日閒的飲食」。

「關於本書的食譜」

- 食譜基本上皆為 1 人份。想做成 2 人份的時候只要將分量增加為 2 倍即可。
- 本書表示的 1 大匙為 15 毫升、1 小匙為 5 毫升、1 杯為 200 毫升。
- 鴻喜菇之類的菇類請先切掉蒂頭。
- 作法中如果沒有標示「蓋上鍋蓋」，請在掀開鍋蓋的前提下烹調。
- 食譜中如果寫有「平底鍋（20 公分）」，意味著使用直徑 20 公分的平底鍋。
- 平底鍋主要分成 20 公分和 26 公分、鍋子主要分成 16 公分和 20 公分兩種。
- 調理時間僅供參考。「迅速地」記號代表 15 分鐘內可以完成的菜色。「抱歉吶」記號則代表要花 16 分鐘以上的菜色。
- 微波爐的加熱時間以 600 瓦為標準。如果是 500 瓦的微波爐，請將加熱時間增加約 1.2 倍。加熱時間依機種及廠牌而異，所以請邊觀察情況邊調整。
- 價格都是本書出版當時的參考值。

麵的假日早午餐

熱騰騰、滑溜溜、軟綿綿、Q彈彈、淅瀝呼嚕。
麵儼然是一種可以邊吃邊律動的美食。
不過它有個傷腦筋的地方，
那就是很容易流於一成不變。
義大利麵只要拌上市售的醬料即可食用。
炒麵只要炒一炒就可以吃了。
正因為做起來很簡單，所以才會經常選擇「煮麵吃吧」。
可是，這時請注意一件事。
事實上，家裡煮的麵其實有「賞味期限」。
麵的賞味期限很短，一旦煮好超過10分鐘，
就會變軟、冷掉、黏成一坨……變得很難吃。
平日的中午不容易享用到麵條稍縱即逝的巔峰時刻。
只有在家裡吃的麵才能享受這段時光，是很珍貴的機會。
應該還有很多藏在一成不變的陰影背後，尚未嘗試的作法。
現在就出門去探險，挖掘麵的全新魅力吧。

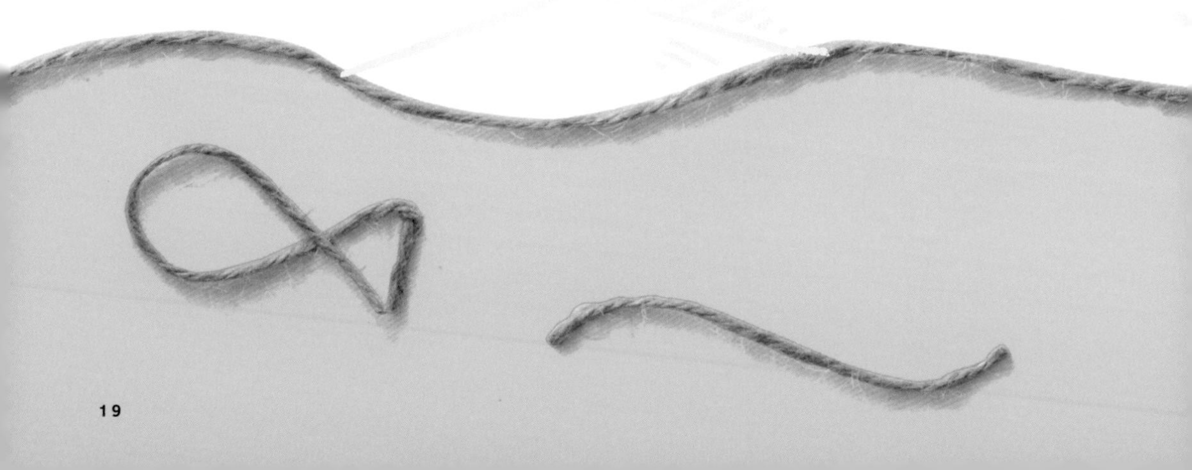

「懶洋洋」是最完美的調味料

午后時分的蛋拌烏龍麵

回過神來，時間已經來到下午2點，完全錯過吃午餐的時機了。但如果不吃，可能會懶洋洋地度過一整天。

蛋拌明太子奶油義大利麵最適合這樣的午后時分。

即使提不起勁，作法也很簡單，可是卻好吃得令人印象深刻。滑嫩的蛋與香噴噴的奶油讓「懶洋洋」變成「超好吃」。

明太子特有的動物性美味會成為「醬料」，所以不需要花時間另外做醬汁。這麼一來也能懶洋洋地避開關西、關東的論戰。

材料（1人份）

- 冷凍烏龍麵…1球
- 竹輪（切成0.5公分寬）…1根
- 明太子（撕成小塊）…1/2條（30克）
- 奶油…10克
- 蛋…1顆
- 青蔥（切成蔥花）…適量

作法

①用平底鍋（26公分）燒滾1杯熱水，放入烏龍麵。蓋上鍋蓋，以中火蒸煮3～4分鐘。

②加入竹輪，攪拌一下，用鍋鏟按住，稍微瀝乾水分。

③盛入盤中，放上明太子、奶油、蛋，再撒上蔥花。吃的時候請邊攪拌邊吃。

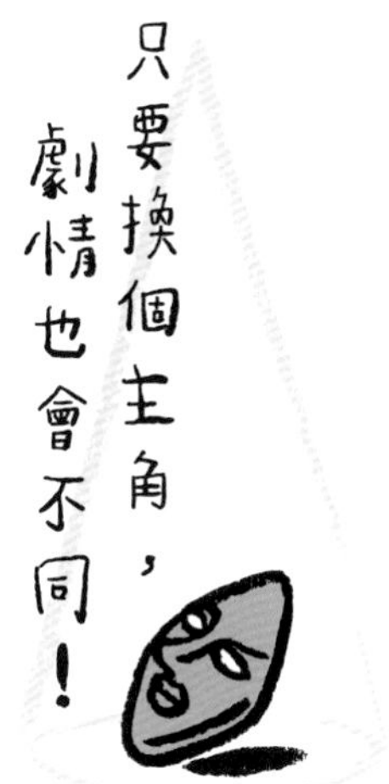

下次放假的時候，請仔細地逛逛超級市場的麵條區。不妨試一下以前沒買過的麵條，例如左列的烏龍麵。即使是同一齣戲，只要換個主角，就能又有新鮮感了。

稻庭烏龍麵

誕生於秋田的稻庭，屬於曬乾的烏龍麵。比烏龍麵還細，又比麵線粗很多。很有嚼勁，卻又滑順好入口。

寬麵

擀得平平的寬麵是名古屋的特產之一。比扁平的烏龍麵還薄。如果一反木綿（傳說中的妖怪）變成麵條的話，大概就是長這個樣子吧。

生烏龍麵

亦即所謂「新鮮現打」的烏龍麵。具有彈牙的口感與嚼勁，不輸給專賣店。有的麵要煮10分鐘以上，但是包括這點也內，也是「烏龍麵之王」的風格。

扁平的烏龍麵

山梨的鄉土料理。雖然擀成扁平狀，但是具有厚度。用味噌調味，與南瓜等蔬菜一起燉煮。啊，稱其為「烏龍麵」可能會引來山梨縣民的不滿。

懶惰鬼來賠不是了

燒水煮麵實在太麻煩了，我都直接拿冷凍烏龍麵去微波，只要2～3分鐘就好了。可以連同器皿一起加熱，一舉兩得。而且我不只午后時分，大部分時間都是懶洋洋的……。

烏龍麵

如果吃膩了一成不變的烏龍麵
清湯掛麵的風味升級版

營業中

烏龍麵店好像有賣，但其實沒有，正因為在家裡才能組合出這種搭配。天氣熱的時候用冷水沖洗烏龍麵，使其更有嚼勁。天氣冷的時候把碗公溫熱，趁熱享用。即使沒有沾麵醬，這些升級版也很美味。只要把材料全部攪拌均勻，淋在烏龍麵上即可！

嗆辣納豆烏龍麵

適合的麵條…生烏龍麵

材料

- 碾碎的納豆…50 克
- 醬油…1 大匙
- 醋、砂糖…各 1 小匙
- 辣油…15 滴

碾碎的納豆會與比較粗的烏龍麵，交織成口感絕佳、順著喉嚨滑下去的雙重奏。用砂糖增加甜度，再用微酸的醋讓風味更加洗練。辣油的刺激讓人一吃上癮。

鮪魚芝麻味噌烏龍麵

適合的麵條…扁平的烏龍麵

材料

- 鮪魚罐頭（瀝乾水分，撥散備用）…1 罐
- 生薑（切成薑末）…1 塊
- 味噌…2 大匙
- 麻油…1 小匙
- 水…1/3 杯

生薑請不要磨成薑泥，而是切成薑末備用，如此一來，每一次咬到都能帶來嗆辣的刺激。最後再加點山葵和剁碎的芝麻，風味更加迷人。得到許多「好好吃啊！」的迴響。

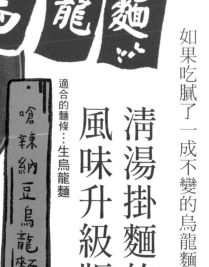

番茄橄欖油烏龍麵

適合的麵條…稻庭烏龍麵

材料

- 番茄（磨成番茄泥）…1 個（150 克）
- 鹽…1/2 小匙
- 醬油…1 小匙
- 橄欖油…2 小匙

誰規定烏龍麵一定要做成日式風味？請選用熟透的紅番茄，從屁股的方向用擦菜板磨成泥。麩胺酸藏在清淡爽口的酸味底下，美味絕倫。放上撕碎的紫蘇，稍微露出一點日本的本質。

梅肉山藥烏龍麵

適合的麵條…寬麵

材料

- 山藥…120 克（淨重 100 克）
- 鹽、醬油…各 1/2 小匙
- 牛奶…1/4 杯
- 梅乾（去籽剁碎）…適量

山藥裝進塑膠袋裡敲成泥，或是放在打濕的廚房專用紙巾上切碎。重點在於牛奶。把醬油與牛奶混合攪拌均勻，用來代替醬汁。再放上山葵、蘿蔔嬰，風味將更加成熟。不妨利用梅乾的酸味與山藥的溫和口感在假日消除平日的疲勞，每吃一口都能得到療癒。

放上「令人驚艷的炒豆芽菜」

速食麵特別篇

現在家裡只有速食麵。可是國王卻來了！

偶爾也會發生這種危機。換作平常，只要加入剩下的蔬菜或肉就能打發一餐，但這可不能拿來招待國王。這時只要有豆芽菜就能安然度過。

「豆芽菜不是最便宜的蔬菜嗎？」此言差矣，在中國，處理得乾乾淨淨的筆直豆芽菜，自古以來可是宮廷料理，屬於口感清脆又美味的高級食材。

要不要見識一下豆芽菜的真本事呢？

材料（1人份）

- 速食麵（醬油風味）…1包
- 豆芽菜…1包（200克）
- 大蒜（切成粗末）…1瓣
- 麻油…1/2大匙
- A 水…2大匙
  太白粉、蠔油…各1小匙
  鹽…1/4小匙
- 胡椒…多多益善

作法

①豆芽菜去頭去尾。
②將麻油倒入平底鍋（26公分），以中火加熱，均勻地放入大蒜、豆芽菜。火稍微轉大一點，以按壓的方式炒2分鐘。
③上下翻面，中間撥出空隙，倒入攪拌均勻的A。煮出稠度後，再與豆芽菜拌炒均勻。
④依照外包裝的指示把速食麵煮好，放上③，再撒些胡椒。

迅速地 15分

如何製作「特別好吃的豆芽菜」！

這項作業意外地費時。可是想像入口那一瞬間的喜悅，就覺得時間花得很值得。請抱著被騙的心情姑且一試！

在裝滿水的調理碗裡浸泡5分鐘以上，倒入濾網，瀝乾水分。如果鬚根纏在手上，可以放進碗裡稍微沖一下。請把濾網放在左手邊、調理碗放在右手邊。

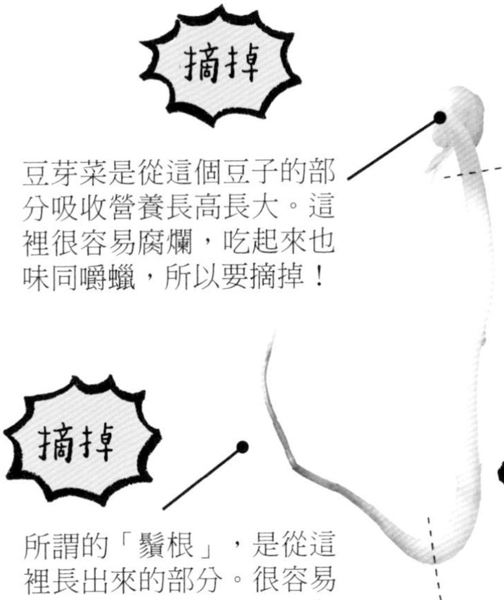

豆芽菜是從這個豆子的部分吸收營養長高長大。這裡很容易腐爛，吃起來也味同嚼蠟，所以要摘掉！

所謂的「鬚根」，是從這裡長出來的部分。很容易互相糾纏，含有水分，為了消除霉臭味，所以要摘掉！

這段時間絕不會空白！

體會到成就感

立定「要在10分鐘內搞定」等目標，集中精神，力求在期限內完成。可以得到有如通過小考的成就感。

與豆芽菜合而為一

我是豆芽菜。豆芽菜是我。

忘記不愉快的事

將平日的不愉快投射在豆芽菜的鬚根上。看到處理得很乾淨的豆芽菜，心情也會神清氣爽。

進入無心境界

一再重複相同的動作，跟抄經沒兩樣。在家就能修行，一舉兩得！

只要有「芝麻醬」就能調味了

芝麻擔擔麵

擔擔麵的魅力在於那種不顧一切，排山倒海而來的芝麻感。用市售的「涮涮鍋專用芝麻醬」，就能營造出這種「嗯，芝麻！」的好口感。

「那種東西能營造出芝麻感嗎？」別擔心，只要用芝麻醬仔細地炒熟絞肉，肉的油脂就會散發出焦香味，帶出濃郁的芝麻風味。

啊，我芝麻蒜皮地重複了太多次芝麻了，對不起，芝麻。

材料（1人份）

- 油麵（生）…1球
- 豆芽菜…50克
- 韭菜（切成4公分長）…30克

A 豬絞肉…60克
芝麻醬…2大匙

B 水…1又1/2杯
芝麻醬…3～4大匙
辣油…1/2小匙

迅速地 15分

作法

①豆芽菜去頭去尾。
②把A倒進鍋子裡，攪拌均勻，開中火加熱。用4根筷子炒鬆豬肉。
③取出②，把B倒進鍋子裡。開中火煮到沸騰後，加入豆芽菜、韭菜，再煮一下。
④依照外包裝的指示，用大量的熱水把油麵煮得稍硬一點，瀝乾湯汁，盛入碗中。
⑤把③的湯汁淋在麵上，放上②的豬肉鬆。有蔥花的話可以撒一些。

雇用 重新雇用剩下的調味料！

冰箱裡還剩下市售的綜合調味料。除了芝麻醬以外，其實還有很多其他的。狠下心來丟掉？千萬不可，它們還派得上用場。既然還有，不如重新雇用它們，用來煮湯吧。也能用來為擔擔麵的湯改變味道喔。

求職！再用我！
柚子胡椒1小匙
沾麵醬（2倍稀釋）2大匙
我們還能工作！
芝麻沙拉醬2大匙
調味柑橘醋1大匙
反對惡意裁員！
烤肉醬3大匙
沾麵醬（2倍稀釋）2大匙

如果要炒豬肉鬆，可以用1大匙沾麵醬調味。

如果要炒豬肉鬆，可以用2大匙芝麻沙拉醬調味。

如果要炒豬肉鬆，可以用2大匙烤肉醬調味。

注入300毫升的熱水……

柚子風味湯

柚子胡椒的香味一直縈繞在鼻尖。冬天會很想來上一碗這樣的湯。

清爽的芝麻湯

具有圓潤溫和的酸味，是很清爽的湯。芝麻的尾韻會從後面追上來。

辣湯

明明沒有肉，卻有肉味。反應過來時已經喝完最後一滴了，真是罪過。

＼發現新的自己。／

恐怖！
碟子地獄

我們家的餐桌、亞洲的路邊攤
麵線派對

迅速地 10分

「欸，又是麵線？」每年夏天，麵線總是以悲傷的心情，聆聽著家家戶戶傳來這樣的抗議。

「這又不是我的錯。那都是……沾麵醬的錯！」您的聲音我們聽見了，以下將為各位介紹追求麵線可能性的新吃法。

請從下面的「蔬菜」「蛋白質」中，選擇自己喜歡的配料放在麵線上吃，就像亞洲的路邊攤那樣。再淋上所有「調味」的調味料，仔細攪拌均勻。砂糖是味道的關鍵，既不會太甜，又能帶出風味，一口氣讓麵線變得更美味。

無論選擇什麼、怎麼選擇都很好吃。回過神來，2個人已經吃掉4把麵線了。

雞肉鬆的作法

把麻油（2小匙）倒進平底鍋（26公分）裡，開中火加熱，分散地倒入雞絞肉（200克），炒2分鐘。再加入鹽（1/2小匙）、味醂（2大匙）、胡椒（1/4小匙），炒到水分收乾就行了。

麻油
剁碎的芝麻
調味
醬油
檸檬（或者是醋）
辣油
一定要加！
是味道的關鍵
砂糖
小碟子洗起來其實很輕鬆～♪

我是碟子鬼！
會增加你要洗的碗盤

沒了！
小碟子……

一開始先準備好這些東西。

① 紫洋蔥、香菜
② 雞肉鬆、冷凍蝦仁
③ 醬油＋砂糖＋麻油＋辣油＋檸檬

盛盤的時候，將麵線捲成一口大小，看起來很美觀，吃起來也很方便（參照31頁）。

紫洋蔥
（切成薄片）
蔬菜
芹菜
（切成薄片）
冷凍蝦仁
蛋白質
香菜
（3 公分長）
甜椒
（切成細絲）
雞肉鬆
洗乾淨
迷你生菜
舒肥雞胸肉
（撕成雞絲）
流口水

畫地自限的麵線

各位抱怨「這世界好無聊」的朋友。真的是這樣嗎？你眼中的一切不代表整個世界！現在更應該跳脫各種畫地自限的想法！沒錯，麵線是未來的希望！

麵線終究只是麵線

也能成為義大利冷麵

各位聽過名叫「天使髮麵」的義大利麵嗎？

那是直徑0.8～1.3公釐，細如髮絲的義大利麵。

事實上，麵線也差不多這麼細。

而且主要成分都是麵粉。

各位，明白我的意思嗎？

換句話說，麵線幾乎就是天使髮麵。

只要拿掉給自己畫地自限的小框框，毛毛蟲就會變成蝴蝶喔。

奶油起司鮭魚義大利麵線

材料（1人份）

- 麵線（乾麵）…2把（100克）
- 洋蔥…1/4個
- 水芥菜…10克
- 奶油起司…30克
- 煙燻鮭魚…3片

A
橄欖油…1大匙
醋…2小匙
鹽…1/2小匙
胡椒…少許

作法

① 洋蔥切成薄片，水芥菜切成4公分寬，靜置於冷水中10分鐘。

② 起司切成1公分的小丁，鮭魚切成2～3等分。

③ 燒一鍋熱水煮麵線。煮好後用濾網撈出來，立刻用冷水充分冷卻。冷卻後徹底地瀝乾水分。

④ 把瀝乾水分的①和A倒進③裡，加入②攪拌拌勻。依個人喜好擠點檸檬汁來吃。

結果還不是汆燙或水煮

也可以炒或炸

怎麼？各位已經放棄麵線了嗎？

放棄麵線就等於放棄自己的可能性喔。

就當是被我騙一次，試著炒一次麵線吧。

麵線很細，所以會確實地沾附上味道，

彈牙的口感也令人驚豔。

而且下鍋油炸之後還會像零嘴一樣，非常好吃喔。

自我放棄是多麼愚蠢的行為啊。傻瓜！

因為是平民美食，不敢拿出來招待客人

給我拿出來！

平民與貴族都是人，兩者之間居然有明確的界線，真不可思議。

但那並不是出於本質上的差異，而是身上穿戴的行頭、行為舉止。

世人皆以與本質一點關係也沒有的部分在判斷別人。

沒錯，麵線也只要稍微注重一下外表，

就能蛻變得如此美麗動人。雖然也要付出一點代價就是了。

炒

把煮熟的麵線與蛋或豬肉、剩下的蔬菜和油一起炒。甚至有人說「比炒麵更好吃」呢（參照81頁）。

炸

在平底鍋裡多倒一點油，麵線煮熟，瀝乾水分，下鍋油炸。可以淋上勾芡的配料來吃，也可以撒點鹽，當成下酒菜來吃。

代價

用繩子把少量的麵線一頭綁起來。

放進味噌湯裡也是一個出路

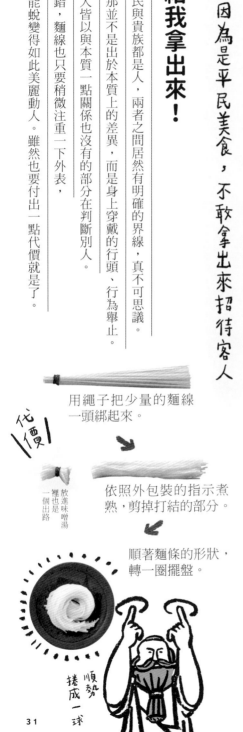

依照外包裝的指示煮熟，剪掉打結的部分。

順著麵條的形狀，轉一圈擺盤。

有本事就打敗我啊！

告別「一大鍋熱水」
11點的奶油義大利麵

假日前一天，請不要設鬧鐘，睡到自然醒。結果第二天11點才醒來。介於早上與中午之間，恰到好處的空腹感，最適合來點既不會太飽，也不至於吃不飽的義大利麵。

但是煮義大利麵有一個很麻煩的地方，就是要燒「一大鍋熱水」。這時可以改用平底鍋來「煮」。煮義大利麵的水剛好能順便用來收醬汁，所以不會吸收太多水分，又能煮出滑溜順口的帶芯口感。

稍微晚點起床的「早安」十分幸福。早午餐就是幸福的最好證明。

誰怕誰
接招
乒乒乒乒
火花四射

材料（1人份）

- 義大利直麵…100克（1.6公釐／煮9分鐘）
- 洋蔥（切成薄片）…1/2個
- 綜合起司…50克

A 水…1又1/2杯
橄欖油…1小匙
鹽…1/2小匙

B 香腸（斜切成5公釐寬）…3條
牛奶…1/2杯
胡椒…適量

作法

①將義大利直麵對折成兩半。

②在平底鍋（26公分）裡依序放入洋蔥、義大利直麵、起司，均勻地淋上A。

③蓋上鍋蓋，開中火煮滾後，再繼續煮8分鐘。

④掀開鍋蓋，加入B，邊攪散邊煮3～4分鐘，讓義大利麵全部吃到醬汁。

迅速地 15分

滿足所有任性的要求！

追求自己想吃的口味。
好的，夫人！
只要為右邊的義大利麵製造一點變化，就能滿足夫人任性的要求！

把食譜中的1/2杯牛奶換成……

沒有
紅醬嗎？

好，馬上來！只要把B的牛奶換成1/2杯番茄汁就能立刻搞定。要不要來點清淡爽口的紅醬義大利麵？

還是點奶油培根蛋
黃義大利麵好了

好，馬上來！只要加入1顆蛋和粗粒黑胡椒就能立刻搞定。如果希望更濃郁一點，可以只加入蛋黃，如何？

我改變主意了，有沒
有義大利湯麵？

好，馬上來！只要把B的牛奶補滿到1杯，再加入1/2杯水和1/3小匙鹽即可。最後只要煮2分鐘，不要完全收乾水分，就能煮出香滑綿密的湯汁……。

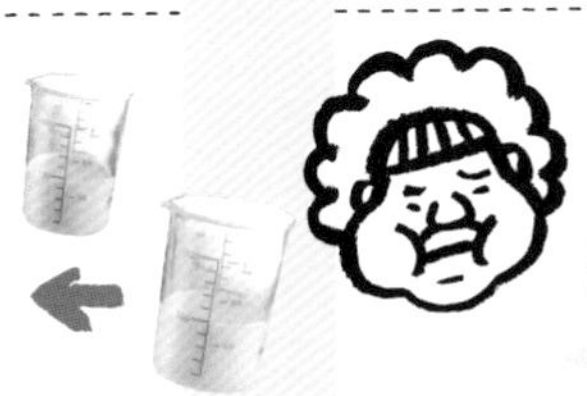
喂！給我健康一點
的義大利麵

好，馬上來！只要把B的牛奶換成1/2杯豆漿（不含任何添加物），並將最後燉煮的時間縮短為2分鐘，豆漿就不會油水分離。這位客人，您還滿意嗎？

啊，今天不是義大利麵耶

萬用麵粉！36道義大利麵！

誇口「每個禮拜都吃義大利麵也沒關係」，
熱愛義大利麵的朋友們。
請各位說話算話，不要光說不練。
實現每週都吃義大利麵的承諾。
至於「每個禮拜都吃義大利麵啊……」的人，
把義大利麵換成麵線也很好吃喔。

詳細的作法請參閱40、41頁

義大利麵的種類

義大利直麵

直徑1.6～2公釐，直線形的義大利麵。依製造廠商分成「美味有嚼勁」「Q軟彈牙」「自成一格」等特徵，因此請務必多吃幾家比較看看。

天使髮麵

直徑0.8～1.3公釐的義大利麵。麵體很細，具有容易入口、充分吸附醬汁或細緻配料的特徵。尤其適合做成冷麵來吃。

寬扁麵

像緞帶一樣扁平的義大利麵。放入口中時，吃到的麵會比醬汁多，因此很適合重口味的醬汁。生麵可以品嘗到更鮮明的麵粉滋味，誠心推薦。

筆管麵

筒狀的義大利麵。口感紮實，就算吸收了水分也不會軟爛這點很吸引人。放久了還是很好吃，可以用叉子戳起來吃，很適合做成下酒菜。

細扁麵

剖面呈橢圓形的義大利麵。介於義大利直麵與寬扁麵之間。比義大利直麵不容易軟爛是其優勢。吃起來也很有飽足感，與各種醬汁都很對味。

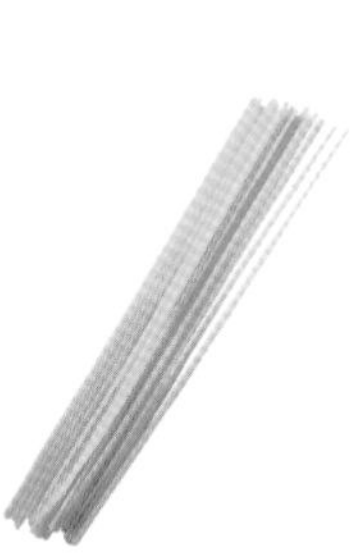

螺旋麵

表面積比較大，呈螺旋狀的義大利麵。說是等到醬汁深入其縫隙，這道義大利麵才算完成也不為過。與番茄等配料比較多的醬汁十分對味。

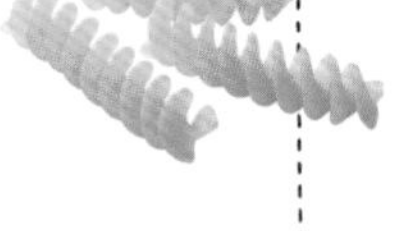

拌匀

1

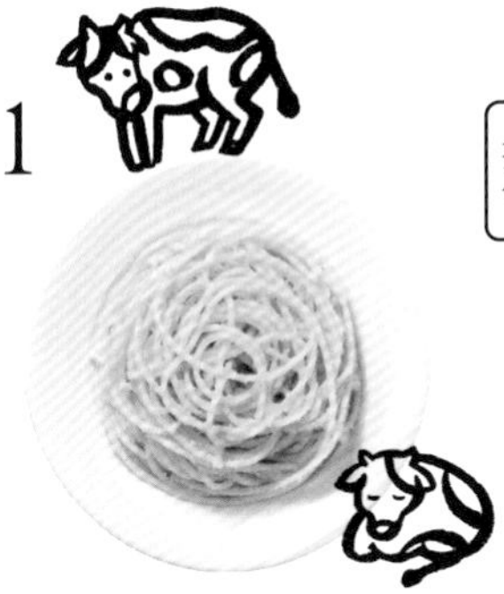

起司粉＋奶油＋胡椒

奶油與起司的濃郁風味。牛真是太偉大了。

2

海苔＋山葵＋麻油＋醬油

Omotta ijou ni noril

3

番茄丁＋鯷魚＋橄欖油

我終於理解猛倒橄欖油的心情了。

4

海苔粉＋起司粉＋橄欖油

還以為是青醬，沒想到充滿海洋的風味！

5

水菜＋魩仔魚＋麻油＋醬油

魩仔魚根本是為了與義大利麵拌勻而存在！

6

茶泡飯便利包＋奶油

奶油加入戰局，這個味道一定好吃。甚至比茶泡飯還美味。

7

脫水海帶芽＋櫻花蝦＋奶油＋醬油

主角：奶油醬油＋香味：櫻花蝦＋口感：海帶芽＝傑作！

8

酪梨＋檸檬＋油＋鹽

檸檬的酸味令人眼睛為之一亮。美味的義大利麵正暗自竊喜。

9

竹輪＋紫蘇＋柚子胡椒

竹輪與義大利麵非常對味。柚子胡椒太高級了！

10

蔥花＋味噌
＋奶油

「蔥、味噌、奶油，和我組隊吧！」傳說從現在開始……。

11

魩仔魚＋香菜＋堅果
＋醬油＋辣油

美味的核桃絕對值得一吃。至於喜不喜歡香菜就另當別論了。

12

韭菜＋蠔油＋咖哩粉
＋麻油＋堅果

這種東方風情是怎麼回事？韭菜和杏仁也太好吃了吧。

13

鹽昆布＋蘿蔔嬰
＋美乃滋

昆布與美乃滋是天作之合。隱隱透出蘿蔔嬰的嗆辣……莫非是惡婆婆？

14

紫蘇粉＋橄欖油
＋紫蘇

各位知道嗎？紫蘇粉和義大利麵也很對味喔！

15

炸麵球＋蔥花
＋沾麵醬

這是天麩羅烏龍麵吧？

16

泡菜
＋美乃滋

泡菜哥哥、美乃滋妹妹。糾纏不清的愛之圓舞曲。

17

佃煮海苔＋蘿蔔泥
＋山葵

這還是義大利麵喔！

18

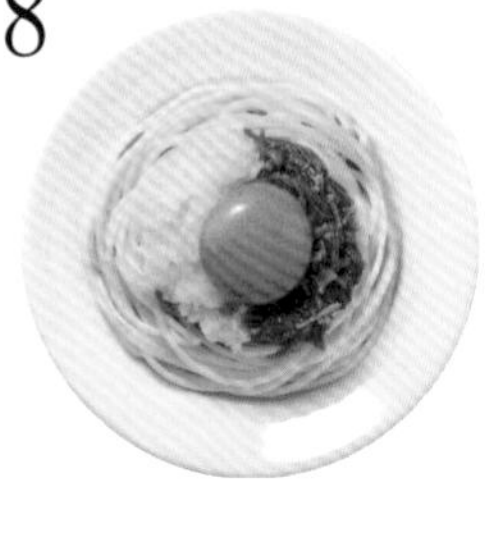

蘿蔔泥＋滑菇
＋蛋黃

啊，這是小朋友也會喜歡的味道。

19

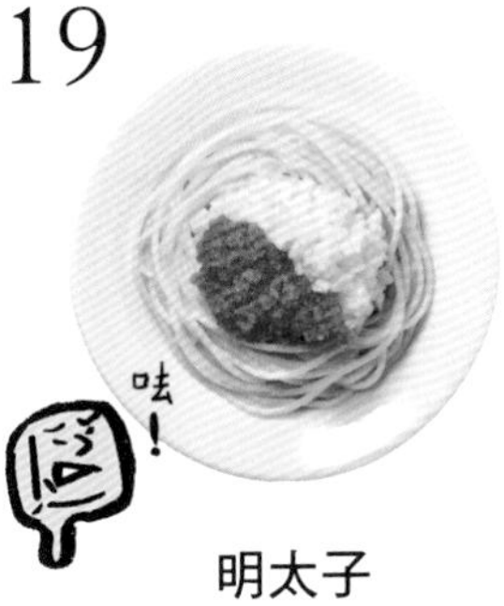

明太子
＋山藥泥

奶油對山藥泥充滿了羨慕嫉妒恨。

20

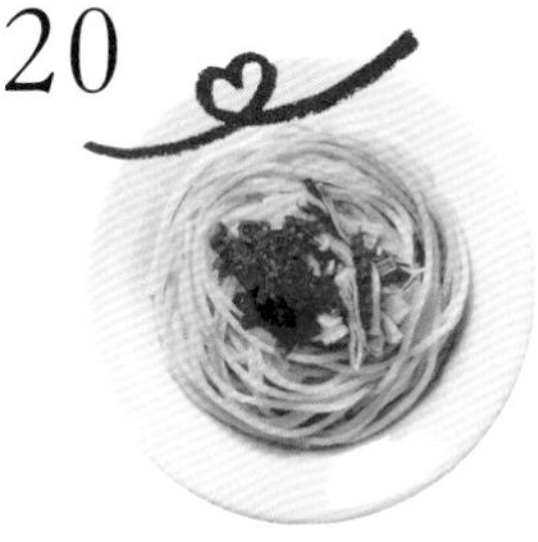

福神漬＋
蟹肉棒＋辣油

兩人分隔在超級市場的這頭與那頭。可是彼此間有一條命運的紅線！

21

秋葵＋火腿＋
美乃滋＋醬油

出現在大白天的星空義大利麵。雖然是綠色的。

22

紫蘇醬菜＋鮪魚罐頭
＋紫蘇

微酸的紫蘇醬菜與肥美的鮪魚罐頭。衝擊既有的認知，令人大開眼界。

23

剁碎的芝麻＋生蛋
＋海苔＋醬油

這是雞蛋拌義大利麵吧。

24

醃漬花枝＋
奶油＋蔥花

美味的兩大巨頭居然合作了。餘韻留在口中，久久不散。

突然！Q&A

Q 義大利麵的風味不明顯……

A 關鍵在於煮麵時加的鹽

1.5％的鹽可以給義大利麵帶來恰到好處的鹹度。1公升的熱水以加入1大匙的鹽最為適宜。只要煮麵的時候事先調好味道，之後就不用再手忙腳亂地調味了。另一方面，只要在表定時間的1分鐘前瀝乾水分，也不會煮得太軟爛。

Q 想做成生義大利麵的味道……

A 事先泡水一整晚

即使是烘乾的義大利麵，原本也是生義大利麵。因此請比照羊栖菜「泡水還原」的作法，泡在水裡，放進冰箱靜置一晚。第二天只要煮的時間比外包裝標示的短一點，就能煮出彈牙的口感！

25
洋香菜版本

蒜香橄欖油

只想一直吃下去，從此不再見任何人也無所謂。

26
蔥花版本

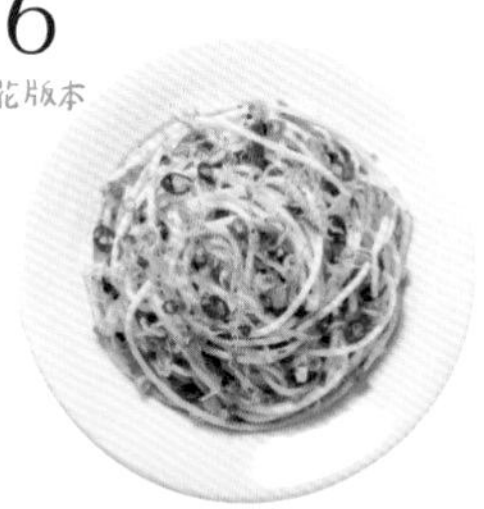

蒜香橄欖油
＋小魚乾

濃縮了精華的鹽分與口感。充滿「攝取到礦物質」的感覺。

27
洋香菜版本

蒜香橄欖油
＋小番茄

女生反應：「這有好多番茄啊，根本是沙拉吧？」

28
洋香菜版本

蒜香橄欖油
＋水煮章魚

章魚的飽足感！就算沒有義大利麵也無妨。

29
洋香菜版本

蒜香橄欖油
＋鯷魚

讓鯷魚告訴淘氣的蒜頭什麼是大人的世界。「很搖滾吧！」

30
洋香菜版本

蒜香橄欖油＋玉米粒
＋迷你生菜

蒜頭＝大人、玉米粒＝小孩。不分男女，老少咸宜。

用來做上述的義大利麵

蒜香橄欖油的作法

材料（2人份）

- 大蒜…4瓣
- 橄欖油…1/2杯

A 洋香菜（切碎）…4大匙
辣椒（去籽）…2根
鹽…2/3小匙

作法

① A的辣椒泡水（1/2杯）5分鐘，切成小丁。

② 大蒜垂直切成兩半，去芯，切成碎末。

③ 在平底鍋（20公分）裡倒油、大蒜，靜置5分鐘。開小火，煮7～8分鐘左右。煮到呈現出淡淡的金黃色，再加入A。

也可以視個人喜好
換掉洋香菜與蔥花。
用小火慢慢煮，
把我的精華逼出來！
可以放2週左右喔。

31

番茄紅醬＋香腸＋一味辣椒粉

咦？一味辣椒粉慢慢地辣起來了。

32

番茄紅醬＋起司粉

茄紅素很可愛吧。

33

番茄紅醬＋螃蟹＋牛奶

螃蟹番茄奶油義大利麵。這個在外面吃可貴了。

34

番茄紅醬＋鮪魚罐頭

不是「肉」，
也不是「魚」，
而是「鮪魚」喔。

35

番茄紅醬＋海苔

Yappari omotta ijou ni nori!

36

番茄紅醬＋羅勒＋包容別人的胸襟

獻給平常總是心浮氣躁的你。

用來做上述的義大利麵

番茄紅醬的作法

材料（2人份）

- 大蒜…1瓣
- 洋蔥…1/4個
- 橄欖油…2大匙

A 水煮番茄罐頭…1罐（400克）
鹽…1/2小匙

作法

① 用鍋鏟壓碎大蒜，洋蔥切成碎末。用手捏爛A的番茄。

② 在平底鍋（20公分）裡倒油、大蒜，開中火爆香。炒到大蒜變色再加入洋蔥，炒2～3分鐘，把洋蔥炒軟。

③ 加入A，開大火，煮滾後轉小火，邊攪拌邊煮9～10分鐘，煮到水分只剩下2/3即可。

義大利麵的調味食譜一覽表

以下是35～39頁介紹的義大利麵1人份（乾麵100克）調味食譜。獻給想一次就完美搞定味道的你！如果超過2個人要吃，只要單純以倍數增量即可。

拌勻

1

起司粉＋奶油＋胡椒

- 起司粉…2大匙
- 奶油…10克
- 胡椒…1/4小匙
- 鹽…少許

2

海苔＋山葵＋麻油＋醬油

- 海苔（撕碎）…1張
- 山葵醬…1/2小匙
- 麻油…1小匙
- 醬油…1小匙～1/2大匙

3

番茄丁＋鯷魚＋橄欖油

- 番茄（切丁）…100克
- 鯷魚（剁碎）…4片
- 橄欖油…2小匙
- 如果有迷你生菜的話…10克
- 鹽…少許

4

海苔粉＋起司粉＋橄欖油

- 海苔粉…1大匙
- 起司粉…2大匙
- 橄欖油…2小匙
- 鹽…少許

5

水菜＋魩仔魚＋麻油＋醬油

- 水菜（切成2公分長）…10克
- 魩仔魚…20克
- 麻油…1小匙
- 醬油…1小匙～1/2大匙

6

茶泡飯便利包＋奶油

- 茶泡飯便利包…1包（5.5克）
- 奶油…10克

7

脫水海帶芽＋櫻花蝦＋奶油＋醬油

- 脫水海帶芽…1大匙
- 櫻花蝦（剁碎）…4大匙
- 奶油…10克
- 醬油…1小匙～1/2大匙
- 煮麵水…少許

8

酪梨＋檸檬＋油＋鹽

- 酪梨（切丁）…1/2大個（100克）
- 檸檬汁…1大匙
- 沙拉油…1小匙
- 鹽…1/4小匙

9

竹輪＋紫蘇＋柚子胡椒

- 竹輪（切成小丁）…1條
- 紫蘇（撕碎）…2片
- 柚子胡椒…1/2小匙
- 沙拉油…2小匙
- 醬油…少許

10

蔥花＋味噌＋奶油

- 蔥（切成蔥花）…5根
- 味噌…2小匙
- 奶油…10克
- 煮麵水…1大匙

11

魩仔魚＋香菜＋堅果＋醬油＋辣油

- 魩仔魚…20克
- 香菜（剁碎）…10克
- 綜合堅果（剁碎）…10克
- 醬油…1小匙～1/2大匙
- 辣油…10滴

12

韭菜＋蠔油＋咖哩粉＋麻油＋堅果

- 韭菜（切成1公分長）…10克
- 蠔油…2小匙
- 咖哩粉…1/2小匙
- 麻油…1小匙
- 綜合堅果（剁碎）…10克

13

鹽昆布＋蘿蔔嬰＋美乃滋

- 鹽昆布…10克
- 蘿蔔嬰（切成3公分長）…5克
- 美乃滋…1大匙

14

紫蘇粉＋橄欖油＋紫蘇

- 紫蘇粉…1/2小匙
- 橄欖油…2小匙
- 紫蘇（撕碎）…2片

15

炸麵球＋蔥花＋沾麵醬

- 炸麵球…2大匙
- 蔥（切成蔥花）…2根
- 沾麵醬（2倍稀釋）…2小匙

16
泡菜＋美乃滋
・泡菜（剁碎）…30克
・美乃滋…1大匙

放上去

17
佃煮海苔＋蘿蔔泥＋山葵
・佃煮海苔…3大匙
・蘿蔔泥（稍微瀝乾水分）…100克
・山葵醬…適量

18
蘿蔔泥＋滑菇＋蛋黃
・蘿蔔泥（稍微瀝乾水分）…50克
・滑菇…3大匙
・蛋黃…1顆
・鹽…少許

19
明太子＋山藥泥
・明太子（撕去薄膜）…1/2大條（50克）
・山藥（削皮剁碎）…30克
・鹽…少許

20
福神漬＋蟹肉棒＋辣油
・福神漬（紅色）…30克
・蟹肉棒（對半切開撥散）…3條
・辣油…1/4小匙
・鹽…少許

21
秋葵＋火腿＋美乃滋＋醬油
・秋葵（生的切成薄片）…3根
・火腿（切成細絲）…3片
・美乃滋…1大匙
・醬油…2小匙

22
紫蘇醬菜＋鮪魚罐頭＋紫蘇
・紫蘇醬菜（稍微剁碎）…30克
・鮪魚罐頭（瀝乾湯汁）…1/2小罐（35克）
・紫蘇（撕碎）…2片

23
剁碎的芝麻＋生蛋＋海苔＋醬油
・剁碎的芝麻…1大匙
・生蛋…1顆
・海苔（撕碎）…1/2張
・醬油…1大匙

24
醃漬花枝＋奶油＋蔥花
・醃漬花枝…3大匙（50克）
・奶油…10克
・蔥（切成蔥花）…5根

與蒜香橄欖油拌勻

全都使用了1次份的蒜香橄欖油。

25
蒜香橄欖油

26
蒜香橄欖油（蔥花版本）＋小魚乾
・小魚乾…3大匙

27
蒜香橄欖油＋小番茄
・小番茄（切成4等分）…6顆
・鹽…少許

28
蒜香橄欖油＋水煮章魚
・水煮章魚（切成薄片）…50克

29
蒜香橄欖油＋鯷魚
・鯷魚（剁碎）…2片

30
蒜香橄欖油＋玉米粒＋迷你生菜
・玉米粒…50克
・迷你生菜…20克
・鹽…少許

與番茄紅醬拌勻

全都使用了1次份的番茄紅醬。

31
番茄紅醬＋香腸＋一味辣椒粉
・香腸（切成圓片）…2條
・一味辣椒粉…少許
全部攪拌均勻煮3分鐘或用微波爐加熱

32
番茄紅醬＋起司粉
・起司粉…1大匙

33
番茄紅醬＋螃蟹＋牛奶
・螃蟹罐頭（瀝乾湯汁）…1/2小罐（28克）
・牛奶…2大匙

34
番茄紅醬＋鮪魚罐頭
・鮪魚罐頭（瀝乾水分）…1/2小罐（35克）

35
番茄紅醬＋海苔
・海苔（撕碎）…1張

36
番茄紅醬＋羅勒＋包容別人的胸襟
・羅勒…適量
・愛…適量

以「少油煎炸」的方式代替天麩羅

無負擔的蔬菜蕎麥麵

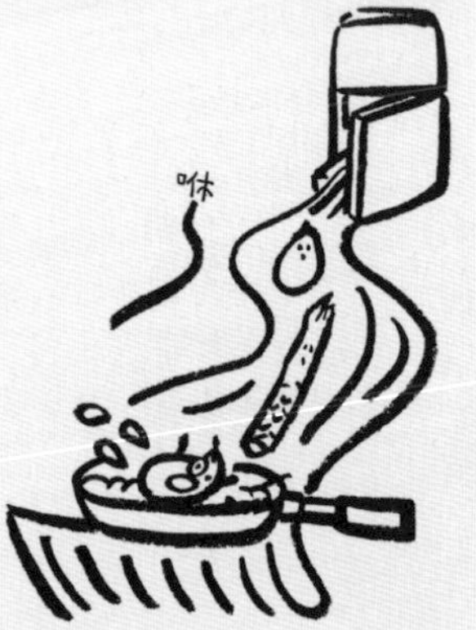

世界上有各式各樣的麵，可是有哪一種本身就具有香味的呢？有的。那就是蕎麥麵。

對於熱愛蕎麥麵的人而言，蕎麥麵的迷人之處在於有如「榻榻米的藺草」，本能地讓心靈平靜下來的優雅香氣。當其與動物性的濃郁沾麵醬合為一體時，更讓人食指大動，欲罷不能。

因此在想要得到療癒的日子，絕不能少了蕎麥麵。

熱愛蕎麥麵的人都說天麩羅太重口味，會破壞蕎麥麵的香味。因此不如改成炸蔬菜，還能有效地善用冰箱裡剩下的蔬菜。

迅速地 15分

材料（1人份）

A 水…1杯
柴魚片…1包（約5克）
醬油、味醂…各3大匙

- 蕎麥麵（乾麵）…100克
- 茄子…1條
- 蘆筍…2根
- 麻油…2大匙
- 蘿蔔泥…適量

作法

①前一天就把A攪拌均勻，放進冰箱裡備用。

②蘆筍橫切成3等分，茄子直切成4等分。

③將②的蔬菜排在平底鍋（20公分）裡，加油蓋過蔬菜。開中火加熱，邊滾動蔬菜邊炸5～6分鐘。再把油瀝乾。

④用熱水煮蕎麥麵，再用冷水冰鎮，瀝乾水分，盛入碗中。

⑤放上蔬菜、蘿蔔泥，淋上①。如果有一味辣椒粉，就灑一些。

大錯特錯！蕎麥麵講座

水分是大敵！

蕎麥麵店一定會在蕎麥麵底下鋪一層竹簾。之所以這麼做，是因為蕎麥麵很容易吸水。變得軟爛的蕎麥麵未免也太難吃了！

發出聲音冷卻

剛煮好的蕎麥麵，冷卻方式至關重要。請用流動的清水嘩啦嘩啦、聲響大作地一口氣冷卻蕎麥麵。因為如果不立刻降溫，麵條會失去彈性。這麼一來就不好吃了。

嘩啦

老子是江戶小孩
麥太郎
隔夜的蕎麥麵
我可是不吃的！

外行人才吃乾麵

生麵比較好吃不是嗎？在蕎麥麵的世界裡，這倒也不是真理。只是不常煮蕎麥麵的人不太會處理生麵。因為乾麵較不吸水，所以能煮得比較好吃而已！

二八蕎麥？十割蕎麥？

二八蕎麥
蕎麥粉與麵粉的比例為八比二的蕎麥麵。麵粉主要是用來黏合蕎麥粉的介質。二八蕎麥的口感滑順又咕溜，美味極了！

十割蕎麥
不使用麵粉黏合，全部只用蕎麥粉做的蕎麥麵。如果想完整地品嘗到蕎麥的香味與美味，一定要選十割蕎麥！

吸哩呼嚕
看起來沒什麼太大的差別

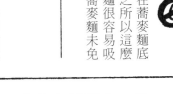

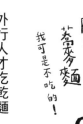

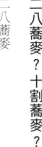

用附的醬料包來做

那道勾了芡的炒麵

在中式餐廳吃的那道勾了芡的炒麵實在好好吃啊。香脆可口的麵體、濃郁滑溜的勾芡……。

這道「勾了芡的炒麵」也可以在家裡做。而且只要用炒麵附的醬料包就可以調味了。沒錯，就是那一小包。

對了，還有一個訣竅。只要加點醋，就能讓美味倍增，請務必一試。

材料（1人份）

- 蒸煮型油麵…1人份
- 豬五花肉片…80克
- 洋蔥…1/4個
- 紅蘿蔔…10克
- 高麗菜…1/12個（80克）
- 沙拉油…1小匙
- 麻油…1/2小匙

A 水…1/2杯
附的醬料包…1人份
太白粉…1大匙

作法

① 豬肉切成6公分寬、洋蔥切成1公分寬的月芽形、紅蘿蔔切細絲、高麗菜切大片。

② 在平底鍋（20公分）裡倒入沙拉油、麵，開大火，表面煎4分鐘，再翻過來煎2～3分鐘。把麵盛入盤中。

③ 開中火加熱平底鍋裡的麻油，分散地放入①，以按壓的方式炒2分鐘，上下翻面，再炒1～2分鐘。

④ 中間撥出空隙，倒入A，煮出稠度後，淋在②的麵條上。

迅速地 15分

麵的白日圓桌會議！

徹底討論！

用炒麵拯救世界！

以下是對炒麵愛不釋手的客官
開始討論「我自己吃炒麵的方法才是對的」實況。

說到炒麵的迷人之處，無非是那種隨興的感覺。所以我認為炒麵麵包最美味了！因為只要做好炒麵，再夾進麵包裡就行了。既不會弄髒盤子，年紀還小的孩子也很方便食用。如果沒有紡錘形麵包，用土司夾起來也很好吃。這是炒麵界的革命。世界上每個人都應該試一下這種吃法！

哼，炒麵搭配麵包，不就等於碳水化合物加碳水化合物嗎？你是想變成碳嗎？我跟你們不一樣，比較有個性，所以不用醬汁。而是改用雞湯粉和鹽代替。只要以雞湯粉和鹽調味，就能做出風味清爽的「鹽炒麵」。

哈哈哈，鹽炒麵根本是邪門歪道。如果想做出區隔，應該改變的其實是配料。光是不用豬肉，改用冷凍的綜合海鮮，就能一次享用到花枝、章魚、蝦子等各種不同的食材。還能讓大眾化的醬汁味道變得更高雅一點喔。哈哈哈。

不不不，高雅救不了任何人。為了拯救孩子們，還是要靠分量。各位或許不知道，炒麵其實是「飯的配菜」喔。我沒騙人。因此要加上泡菜、韭菜、豆芽菜、蛋，做成豬肉泡菜炒麵。用鐵板豪邁地大火快炒，肯定能讓孩子們笑逐顏開。

＊以上皆為個人感想

讓雞蛋吸飽重口味的醬汁

收尾的壽喜燒烏龍麵

什麼是壽喜燒最好吃的吃法？沒錯，就是收尾的烏龍麵。這道菜將跳過壽喜燒，直接做成烏龍麵。

只要10分鐘，就能以「少量的水」熬煮出濃郁的味道。烏龍麵的澱粉質會溶解在湯裡，為湯汁增加黏度。這麼一來，食材的美味就更容易天衣無縫地交織在一起，可以享受到宛如久煮之後的收尾烏龍麵般多層次的滋味。

充滿了有如飽餐一頓壽喜燒的餘韻，烏龍麵會讓人想說出比平常更誠心誠意的「我吃飽了」。

吹涼
吹涼
真是太天真了
先不要急著吃，等等！
等一下！

材料（1人份）

- 冷凍烏龍麵…1球
- 豬五花肉片…100克
- 鴻喜菇…50克
- 大蔥…1/2根（50克）
- 麻油…1大匙
- A 醬油…2大匙
  砂糖…1大匙
  水…1/3杯
- 蛋…1顆

作法

① 鴻喜菇撕成小撮。大蔥斜切成1公分寬。

② 用中火加熱平底鍋（26公分）裡的油，均勻地加入豬肉、①，煎1～2分鐘。

③ 煎到豬肉有一半變色，中間撥出空隙，加入烏龍麵、A，蓋上鍋蓋，用中火煮4分鐘。

④ 掀開鍋蓋，撥散烏龍麵，再煮1～2分鐘。沾上蛋液來吃。

迅速地 10分

你的炒烏龍麵是哪一種？

不妨將上述食譜A裡的醬油和砂糖，換成循線得到的調味料。請各自與1/3杯的水攪拌均勻。沾上蛋液來吃，吃起來的鹹度剛剛好。

START

Yes / No

- 硬要選的話，喜歡太平洋聯盟
- 會在半夜三點照鏡子
- 直到現在還分不清楚水晶燈與香格里拉
- 時不時就想塗上大紅色的口紅
- 希望有可以誇耀的事蹟
- 想學會殺花枝的刀工
- 相信用花算命
- 認為平常走的巷子再轉出去將別有洞天
- 去旅行的時候經常忍不住購買三角旗

Cool

鹽 type

身邊的人都說你「好酷啊」。既然如此，不如換成醬油（2小匙）、鹽（1/2小匙）。鹽的風味十分乾淨俐落，反而更能讓人吃出烏龍麵的清甜風味。

Nostalgic…

醬汁 type

「以前可好了」是你的口頭禪。只要換成中濃醬（3大匙），就能做出酸酸甜甜的醬汁。從舌尖感受到懷舊的風味。

Brandnew!!

蠔油 type

「缺乏個性」令你非常煩惱。不妨換成蠔油（2大匙）、砂糖（2小匙）。蠔油與砂糖的甘甜與鹹味將成為令人大開眼界、一吃上癮的新風味。小孩子也很愛吃。

Neutral

醬油 type

曾經有人問你「瘋了嗎？」不妨換成醬油（2大匙）。多層次的胺基酸讓人心情平靜，中庸的味道則令人鬆一口氣。

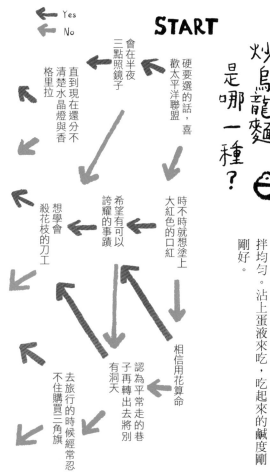

或許大家都沒有想過

午餐營養學

Q 午餐一定要吃嗎？

A 午餐能刺激腸道

我乃隨便紅戰士。你是不是太小看午餐了？如果不想吃，確實也沒關係。人生隨便一點無妨啦。

可是你瞧瞧，我的皮膚是不是很好？

這麼顯而易見的事情就不用再說了。所以為了養顏美容記得要吃午飯。什麼？你問兩者之間有什麼關係？這個嘛……。

啊！不健康怪獸來了。吃我一招，看我的規律飲食光線！

旁白：說明一下。規律飲食光線是指按時吃早、中、晚三餐。也就是說，要過正常的生活，必須一天三次將水分和食物送進腸道，藉此增加「刺激腸道的機會」。

生活如果不規律，就無法好好地控制腸道，還會便祕。便祕會讓膚質變差，正中不健康怪獸的下懷！

假日的早上本來就會比平常晚起。如此一來也會延後水分進入腸道的時間。而且如果養成不吃午餐的習慣，還會搞不清楚自己的「適量」標準。

沒錯，為了不迷失自我，我建議各位還是要吃午餐！

午餐戰隊隨便戰士
我們是午餐戰隊隨便戰士！
今天也要隨便地與敵人戰鬥！

Q 不清楚午餐的「適量」標準

A 大約以攝取800大卡為準

我是黃隨便戰士。從沒算過午餐要攝取多少卡路里。這種事不用算得那麼清楚啦。基本上，中午吃進去的東西，到了晚上就消耗掉了，所以吃再多也沒關……啊！脂肪怪獸來了。可惡……這傢伙……快給我、給我看熱量表！

旁白：說明一下。適量的午餐約莫是800大卡。假設每天要攝取2000大卡的熱量，請以早餐400大卡、午餐800大卡的方式來計算。這個算法當然因人而異。但即使是吃起來很清爽的麵線，1把其實也有178大卡。絕對不能小看，所以要小心。

1把義大利麵（100克）	約350大卡
1個飯糰	約150大卡
1把麵線（50克）	約178大卡
1球冷凍烏龍麵（200克）	約210大卡
1把蕎麥麵（100克）	約344大卡

我絕不會投降。
因此要先吃飽！

Q 傍晚總覺得肚子餓。所以該吃什麼才好？

A 多攝取一點脂肪和蛋白質

粉紅隨便戰士就是我。我長得太帥了，所以會立刻消耗掉熱量，真是造孽的男人。而且一到傍晚就會肚子餓，忍不住偷吃零食。什麼？你說我一下子就餓了並不是因為自己長得帥，而是碳水化合物怪獸的陷阱……？

旁白：說明一下。一餐如果吃進太多碳水化合物，血糖值會一口氣上升，很快又餓了。碳水化合物會帶給人一種名為「便宜又吃得飽」的稍縱即逝幸福感。但也不是沒有方法避免。那就是「改吃月見山藥泥烏龍麵來代替純烏龍麵」的絕招。也就是說，比起單獨攝取碳水化合物，多攝取一點脂肪和蛋白質比較不容易餓。不僅可以避免動不動就肚子餓，還更好吃。沒錯，會更好吃。

米飯的假日早午餐

昨天晚上，我煮了一大鍋飯。
電鍋裡還剩下一堆沒吃完的飯。
飯粒已經失去光澤，看起來可憐兮兮。
可是，只要用飯匙舀到平底鍋裡，大火快炒，
它們就會一口氣綻放出耀眼的光芒。
沒錯，假日的餐桌是米飯盛妝登場的舞台。
炒飯、焗飯、蛋包飯。
無論是什麼樣的飯，只要穿上華麗的衣裳，
就能變身為主角，受到此起彼落的「好好吃」歡呼。
因為早上沒有時間，晚上基本上都是白飯。
所以只有假日的中午，
才能吃到這種光芒萬丈的飯。
飯的舞台就在如此有限的時間內上演了。
請以不同於平常的舞步，跳出與平常不同的故事。

介於炒飯與烤飯之間

登峰造極的炒飯。

大家看過那支舞嗎？穿上蛋的華服，
踩出輕盈舞步的米粒！
首先是絞肉。颯爽地打開外包裝袋，
再倒入醬油，輕快地攪拌一下備用。
別偷懶！這是為了營造出頂級美味的前置作業。
來吧，拿出平底鍋，點燃熱情的火焰。
用中火。要用中火熱油。點火！
痛快地倒入金黃色的蛋液，再立刻倒入白飯。快點！
把飯炒散，讓米粒穿上金黃外衣，炒1～2分鐘。
這時再加入已經事先調味好的絞肉，
專心致志地，把肉和飯拌炒均勻，直到粒粒分明。
最後再撒上綠意盎然的蔥花。
然後再加入A，麻油的芳香頓時撲鼻而來。
一口氣轉成大火，最後再撒點胡椒就能上桌了。
微焦的米粒每咬一下，
內心深處就會湧起一股熊熊燃燒的熱烈情緒。

迅速地 10分

材料（1人份）

- 豬絞肉…50克
- 醬油…1小匙
- 麻油…1大匙
- 白飯…200克
- 打散的蛋液…1顆
- 青蔥（切成1公分寬）…50克
- A 麻油…1/2小匙
  鹽…1/4小匙
- 胡椒…多多益善

登峰造極的烤飯。

閉上雙眼，慢慢深呼吸。
這是一道冷靜地面對白飯，
相信白飯的料理。
把油、大蒜、絞肉放入平底鍋。
不慌不忙，接下來才要點火。
用中火煎2～3分鐘，逼出肉的油脂，
這時已經可以聞到超級香的味道。
「接下來可以充分享用這份美味」，
內心充滿了這樣的期待。
哎呀，這太不像我了。我得再冷靜一點才行。
為絞肉翻面，淋上A。
再分散地放入蔥花、白飯，繼續炒2分鐘，攪拌均勻。
這裡請再做一次深呼吸。
然後融入醬油和奶油。
略微燒焦的醬油會更有存在感。
奶油的香味幾乎令人倒地不起。
整個拌炒均勻，最後再撒點胡椒。
蒜香奶油醬油簡直無敵，
吸飽精華的米粒，
每咬一下，
都能為我帶來至高無上的喜悅。

材料（1人份）

- 沙拉油…1小匙
- 大蒜（切成蒜末）…1瓣
- 豬絞肉…100克
- A　醬油、砂糖…各1小匙
- 青蔥（切成2公分寬）…50克
- 白飯…200克
- 醬油…2小匙
- 奶油…10克
- 粗粒黑胡椒…多多益善

這就是你今天的配料。

炒飯、烤飯的版本象限

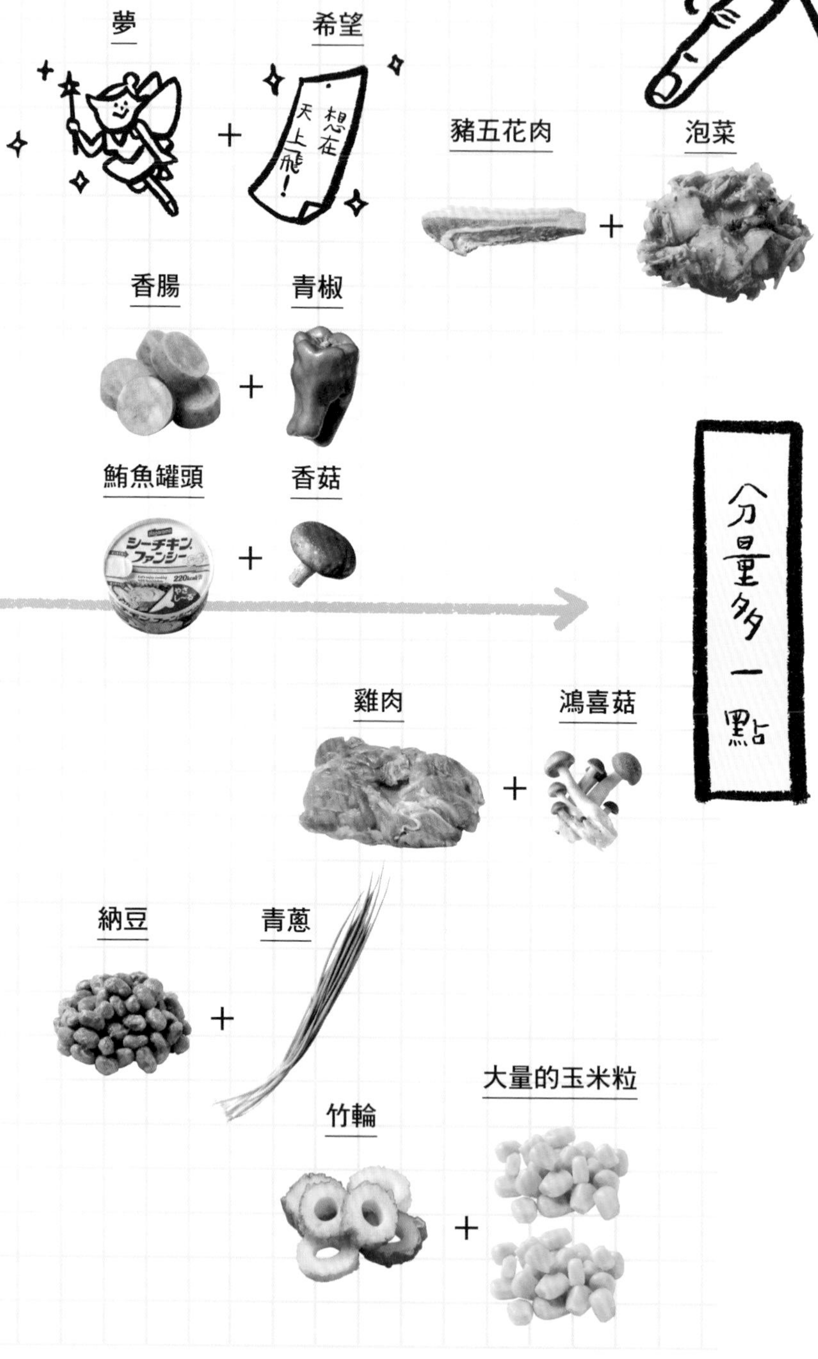
夢
希望
想在天上飛！
豬五花肉
泡菜
香腸
青椒
鮪魚罐頭
香菇
シーチキンファンシー
分量多一點
雞肉
鴻喜菇
納豆
青蔥
大量的玉米粒
竹輪

炒飯和烤飯無論加入什麼配料都很好吃。所以這次放假的時候，就交給命運決定吧。或許能從並非由自己的意志選擇的食材中得到新發現。

閉上眼睛，用手指點。

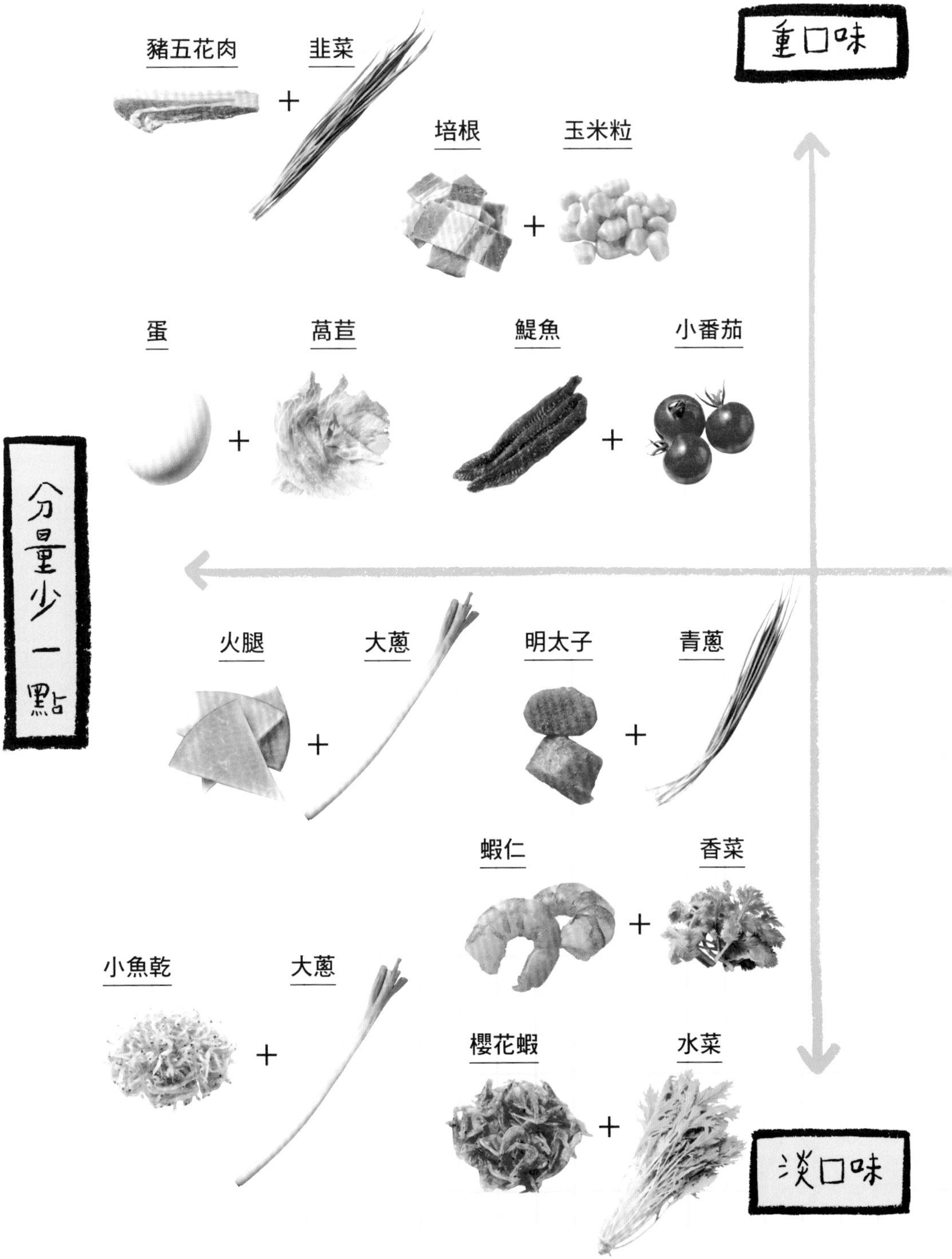
重口味
豬五花肉
+
韭菜
培根
+
玉米粒
蛋
+
萵苣
鯷魚
+
小番茄
分量少一點
火腿
+
大蔥
明太子
+
青蔥
蝦仁
+
香菜
小魚乾
+
大蔥
櫻花蝦
+
水菜
淡口味

每週日是蛋包飯之日！

蛋包飯的可能性

聽說海上自衛隊固定「每週五是咖哩日」。這本來是為了讓人知道今天是星期幾的習慣，但如果是愛吃咖哩的人，一定很期待星期五的到來吧。既然如此，不如設定「每週日是蛋包飯之日」。擔心家人抗議「又是蛋包飯？」不要緊，他們不會發現的。因為蛋包飯的可能性比你想像的還多。

Sunday

來做吧！番茄醬炒飯

「好吃的蛋包飯，飯一定好吃」
各位知道這個事實嗎？
如何做出香氣四溢又美味的番茄醬炒飯
祕訣在於「要把番茄醬收乾」。

基本的蛋包材料（1人份）

- 蛋…2顆
- A 美乃滋…1大匙
  鹽、胡椒…少許
- 奶油…10克

番茄醬炒飯（1人份）

- 雞肉（切丁）…50克
- 鹽、胡椒…各少許
- 洋蔥…30克
- 沙拉油…1大匙
- 白飯…150克
- 番茄醬…3大匙

① 雞肉抹鹽、胡椒。洋蔥切成1公分的小丁。

② 用中火加熱平底鍋（20公分）裡的油，均勻地倒入①，煎1分鐘，翻面，再炒1分鐘。

③ 中間撥出空隙，均勻地倒入白飯，先這樣加熱1分鐘後再攪散。

④ 中間撥出空隙，倒入番茄醬。把火開大一點，煮到番茄醬咕嘟咕嘟沸騰，再整個拌炒均勻。

⑤ 將炒飯鋪平到平底鍋的邊緣，重複煎30秒、炒30秒的作業，直到番茄醬炒飯變得焦脆就可以起鍋。

First week
標準款Style

迅速地 15分

①把蛋打入調理碗中，大約攪拌50下打散，再加入A。

②用中火加熱平底鍋（20公分）裡的奶油。用筷子沾點蛋液試油溫，如果發出滋的一聲，就從高處一口氣倒入蛋液。

③數2秒，再用鍋鏟攪拌8～10次。繞成圓形，平底鍋斜著拿，讓蛋往後側集中。

④把番茄醬炒飯放在正中央，再把蛋往中間集中，蓋住番茄醬炒飯，翻過來盛盤。

Second week
炒蛋版Style

迅速地 15分

①把蛋打入調理碗中，大約攪拌50下打散，再加入A。

②用中火加熱平底鍋（20公分）裡的奶油。用筷子沾點蛋液試油溫，如果發出滋的一聲，就從高處一口氣倒入蛋液。

③等到蛋的周圍凝固成花瓣狀，便可從爐火上移開，用鍋鏟迅速地攪拌8～10次。

④呈現半熟狀後，就能倒在盤子裡的番茄醬炒飯上。

Third week
蛋捲版Style

3

迅速地
15分

①把蛋打入調理碗中，大約攪拌30下打散，再加入A。

②用稍微大一點的火加熱平底鍋（20公分），加入奶油，等奶油融化一半，再一口氣倒入蛋液。

③等到蛋的周圍凝固成花瓣狀，再迅速地用鍋鏟攪拌15次左右。

④平底鍋斜著拿，讓蛋從中央集中到另一邊，以斜著拿平底鍋的方式再稍微煎一下。翻面，移到番茄醬炒飯上。

Fourth week
溫泉蛋版Style

4

迅速地
10分

不用管基本的蛋包飯材料！只要把溫泉蛋放在番茄醬炒飯上即可。雖然有點牽強，吃起來還是蛋包飯，請安心食用。

Fifth week
顛倒版Style 5

迅速地 10分

①把蛋打入調理碗中，大約攪拌50下打散，再加入A。

②用中火加熱平底鍋（20公分）裡的奶油。用筷子沾點蛋液試油溫，如果發出滋的一聲，就從高處一口氣倒入蛋液。

③用鍋鏟稍微攪拌5下左右，攤平，放上番茄醬炒飯。

④再繼續煎30秒左右，移到盤子裡。

Sixth week
放上番茄醬炒菜版Style 6

使用了番茄醬炒飯的材料

迅速地 10分

①用中火加熱平底鍋（20公分）裡的奶油，放入雞肉、洋蔥，煎1分鐘，翻面，炒1分鐘。

②中間撥出空隙，倒入番茄醬，煮到沸騰，拌炒均勻。

③盛飯，放上②，再打上一顆生蛋。

兩人一起吃的兩種「燴料」

和樂融融的天津飯

感情再怎麼融洽，喜好也不可能一模一樣。

有人喜歡夏天。有人喜歡冬天。

有人喜歡狗。有人喜歡貓。

對於天津飯的「喜好」也分成醬油派與甜醋派。

可是又不想勉強對方配合自己。如果是下一頁的作法，只要中間再加入砂糖和醋，就能一次做好兩種燴料。這麼一來，也能尊重對方的喜好了。

做起來很快，成本也很低，還能避免不必要的衝突，是一道和樂融融的午餐。

AMAZU
我喜歡甜醋！
Oyster Sauce
分我吃一口！
我的也很好吃喔！

材料（1人份）

- 蛋…3顆
- 醬油…1小匙
- 沙拉油…1大匙
- 白飯…適量

作法

① 把蛋攪拌約30下打散，加入醬油，攪拌均勻。

② 用大火加熱平底鍋（20公分）裡的油，稍微冒煙後，再從高處倒入蛋液。

③ 等蛋的周圍凝固成花瓣狀，再俐落地攪拌5下左右。從外圍迅速地往中央輕輕地折4～5次。放在盛得高高隆起的白飯上。

迅速地 15分

蛋很快就熟了，所以不要在平底鍋裡炒到完全凝固！
有一部分還處於半熟的狀態最好吃了

蠔油味的材料（2人份）

- 麻油…1小匙

A 蟹肉棒（切成兩半撥散）…2條
大蔥（切成蔥花）…1/4根

B 水…1/2杯
蠔油…1大匙
太白粉…2小匙
生薑（軟管）…1/2小匙

① 用中火加熱平底鍋（20公分）裡的麻油，炒A。

② 炒軟後，倒進B，煮30秒，直到變得黏稠。再分成兩半，各自是1人份。

也可以這樣做

新的餡路由自己開創！
餡餡
特大號
如果對方說他比較想吃醋
醋1大匙
Su Osaji 1
砂糖1½小匙
Sato Kosaji 11/2
如果對方比較喜歡酸甜口味，上面的燴料分出1人份的一半以後，再把醋和砂糖加到剩下的1/2裡，稍微再煮一下。這麼一來，酸酸甜甜的甜醋燴料就完成了。如果是在店裡，只能自己獨享自己那份，可是在家裡就能分成兩半，每個人都能吃到兩種味道，真幸福！

在感嘆「沒有青菜」之前
1根小黃瓜
也是不容小覷的青菜

欸嘿

假日的午餐很容易「只吃碳水化合物」。如果覺得「青菜吃太少了！」不妨準備1根小黃瓜。而且用塑膠袋就能輕鬆搞定。

好聰明！
用來搭配炒飯

榨菜小黃瓜

出現在吃膩了大魚大肉，想換一下口味時。用鍋鏟壓扁小黃瓜，再用手撕成一口大小。榨菜稍微切開，放進袋子裡。再加入調味料，揉一揉就大功告成了。鹹鹹的榨菜和小黃瓜的口感讓人一吃上癮。

材料

- 小黃瓜…1 條
- 榨菜…20 克
- 醬油、麻油、醋…各 1 小匙

迅速地
5分
小淘氣
麻油
用來搭配飯糰

柴魚片拌小黃瓜

爽脆的口感讓人一口接一口，停不下來。小黃瓜切滾刀塊，放進袋子裡，然後再加入調味料，揉一揉就好了。最後再加點柴魚片，帶出更有層次的美味。簡單的味道令人心花朵朵開，飯也吃得更多了。

材料

- 小黃瓜…1 條
- 醬油…2 小匙
- 砂糖…1 小匙
- 麻油…1/2 小匙
- 柴魚片…1/2 包（2 克）

各位，
用這個
補充
維生素吧

好性感！
用來搭配麻婆豆腐蓋飯

醃小黃瓜

吃了一堆飯以後，很適合來點醃漬入味的小黃瓜清清嘴巴。斜斜地將小黃瓜切成薄片，加入調味料，揉搓入味。因為很容易一吃上癮，要提防小黃瓜的甜蜜陷阱。

材料

- 小黃瓜…1 條
- 醬油、沙拉油…各 2 小匙
- 生薑（軟管）…1/2 小匙
- 胡椒…少許

用來搭配天津飯
強悍！

泡菜小黃瓜

特別推薦給想要的不只是小菜，而是配菜的人。小黃瓜切成 4 等分，再各自切成兩半。與調味料攪拌均勻，揉搓入味，靜置 5 分鐘就可以吃了。因為很大塊，請以強悍的心情大口咬下。

材料

- 小黃瓜…1 條
- 醋、水…各 1 大匙
- 砂糖…1 小匙
- 鹽、大蒜（軟管）…各 1/2 小匙
- 辣油…少許

用電鍋做出異國風味

用蒸雞肉飯來逃避現實

禮拜天的中午普遍有一種想法：啊，假日就快要結束了……。

想擺脫這個現實時需要一點動力，那就是異國的氣氛。這道蒸雞肉飯在泰國叫作「海南雞飯」。不同於日本的炊飯，配料都切得很大塊，十分豪爽。比起切得細細的雞絲，一整塊雞肉可以煮得比較多汁，美味程度足以成為獨當一面的「配菜」。只要放在白米上，就能一次煮好配菜和主食，一舉兩得這點也很吸引人。

打開電鍋的瞬間，甜美的香味迎面而來。一口吃進熱騰騰的飯，整個人都被迷得神魂顛倒……。

你能逃離這種亞洲的美味嗎？

材料（2人份）

- 米⋯2杯
- 雞腿肉⋯1片
- 鹽⋯1/2小匙
- 胡椒⋯少許
- 紅蘿蔔⋯1/2條
- 櫛瓜⋯1/2條

A 水⋯2杯（360毫升）
醬油⋯1大匙
鹽⋯1小匙

B 醬油、醋⋯各1大匙
砂糖、生薑（軟管）⋯各1小匙
辣油⋯10滴

作法

請用煮5杯米而非3杯米的電鍋來煮

① 米洗乾淨，撈起來濾乾30分鐘。
② 雞肉刮除多餘的油脂，挑斷筋，抹上鹽、胡椒。紅蘿蔔切成1公分的圓片，櫛瓜直切成兩半。
③ 把米倒進電鍋裡，倒入A。再放上②，直接下去煮。
④ 把B拌勻，淋在飯上來吃。

抱歉吶 45分

（扣掉洗完米濾水靜置的時間）

為了逃避現實的4種舞台設定

拌飯式的飯糰

配料切碎，攪拌均勻，捏成飯糰。天氣好的時候不妨打開窗戶，狼吞虎嚥地大快朵頤。跳進「飯、飯糰好好吃啊」的世界裡！

配菜與白飯

飯菜分別盛裝，端正地坐在餐桌前。就像小津安二郎的電影那樣，回到黑白電影時代的日本。

稀飯

把熱水澆在飯上，用鹽和醬油調味，煮成稀飯。爬回因為感冒請假不用上學的冬天，那個暖呼呼的被窩裡。

2道菜配飯

飯、肉、蔬菜分別盛裝，只要淋上柑橘醋為蔬菜加點酸味，一餐就能品嘗到各種不同的風味。藉此跳進江戶時代的武士家！

懶惰鬼來賠不是了

櫛瓜？紅蘿蔔？不，我只加了雞肉。但煮好的雞肉和QQ的皮簡直好吃得不得了。打上一顆蛋來吃，居然更美味了⋯⋯！什麼？我暫時不想思考營不營養的問題，不好意思。

大膽地放上一大堆配料

用電鍋煮出營養均衡的飯

投籃比賽開始了。試著投入自己喜歡的食材。無論加入什麼都很好吃，但是請多加一點蔬菜與蛋白質，這麼一來就能營養均衡了。米先洗乾淨，撈起來瀝乾水分，靜置30分鐘後再用。

抱歉吶

45分

（扣掉洗完米濾水靜置的時間）

鹹鮭魚 & 蘿蔔飯

投入沒用完的蘿蔔和鹹鮭魚！充滿水分的蘿蔔和肥美的鮭魚十分對味！為了讓顏色看起來更鮮豔，再投入切成蔥花的青蔥！咦，這個不是籃框嗎？

材料（2～3人份）

- 蘿蔔…150克
- 鹹鮭魚…2片（150～200克）
- 米…2杯

A 水…2杯（360毫升）
醬油…1大匙
鹽…1/2小匙

- 七味辣椒粉…1/2小匙

作法

① 蘿蔔帶皮切成1公分厚的半月形。鹹鮭魚淋上酒（1大匙），瀝乾水分。
② 把米倒進電鍋裡，倒入A，放上①，直接下去煮。
③ 取出配料，翻面。
④ 把配料放在飯上面，撒點七味辣椒粉。有蔥花的話再撒一些。

義式豬肉番茄飯

炸豬排用的肉經常特價，可是炸東西太麻煩了，所以從未買過。下定決心買回家，丟進電鍋裡！拿出番茄搗碎，再把番茄醬（1大匙）和鹽（1/4小匙）攪拌均勻，做成醬汁，淋在豬肉上享用。

材料（2～3人份）

- 豬排用里肌肉…2片（250克）
- 鴻喜菇…100克
- 番茄…1個（150克）
- 米…2杯

A 水…2杯（360毫升）
醬油…1大匙
鹽…1/2小匙

- 起司粉、洋香菜…各適量

作法

①豬肉抹鹽（1小匙）、胡椒（少許）。鴻喜菇撕成小撮，番茄切除蒂頭。
②把米倒進電鍋裡，倒入A，放上①，直接下去煮。
③取出配料，翻面。把比照右側要領製作的醬汁淋在豬肉上，再撒些起司粉和洋香菜。

西班牙式鹹鱈魚飯

咖哩風味和鹹鱈魚的甘甜滋味簡直就像西班牙海鮮飯。檸檬能讓飯的風味更明顯。明知魚類對身體好，可惜很少吃。午餐正好是補充這類營養的大好機會！

材料（2～3人份）

- 鹹鱈魚…2片（160克）
- 芹菜…1根
- 甜椒…1/2個
- 米…2杯

A 水…2杯（360毫升）
醬油…1大匙
咖哩粉…2小匙
鹽…1/2小匙

- 檸檬、鹽、一味辣椒粉…各適量

作法

①芹菜切成滾刀塊，葉子剁碎，不要煮，預留備用。甜椒直切成4等分。鹹鱈魚用酒（1大匙）去腥，瀝乾水分。
②把米倒進電鍋裡，倒入A，放上①，直接下去煮。
③取出配料，把飯翻一翻，拌入芹菜葉。
④把配料放在飯上，再依個人口味放上切成月芽形的檸檬、鹽、一味辣椒粉來吃。

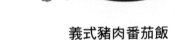

頭募樂流
空手道場

沒有市售的「醬料包」也沒關係
不需要砧板的麻婆豆腐蓋飯

國王和空手道高手突然來了，真傷腦筋。

拿豆芽菜招待國王就行了，可是要用什麼來招待空手道高手呢？空手道高手喜歡蓋飯類的食物，但我卻無法做午餐最常見的牛肉蓋飯或雞肉蓋飯，因為砧板破掉了。

這時我想到了麻婆豆腐蓋飯。既不需要砧板，也不需要菜刀。

什麼？也沒有市售的「醬料包」？

不要緊，總有味噌吧？

味噌具有鹽或醬油所沒有、發酵食品特有的美味與養分，與白飯十分對味。如果還有山椒粉，那就更完美了。空手道高手應該也會很滿意，乾脆地離開。

材料（1人份）
- 麻油…1/2大匙
- 豬絞肉…100克
- 板豆腐…1塊（300克）

A 水…1/3杯
太白粉、味噌、醬油…各1大匙
生薑、大蒜（軟管）…各1小匙
辣油…1/2小匙
- 白飯…200克

作法

①用中火加熱平底鍋（26公分）裡的麻油，分散地放入絞肉，煎1分鐘，翻面拌炒。
②炒到肉有一半變色了，再加入撕成10等分的板豆腐，稍微攪拌一下。
③中間撥出空隙，把A攪拌均勻倒進去，徹底地煮沸。煮到帶點濃稠度之後，與配料拌勻，一面搗碎豆腐，煮2～3分鐘。
④把飯盛入碗中，淋上③。

迅速地 10分

我們在沒有砧板的世界裡能做什麼

廚房用剪刀

香菇、水菜、芹菜、竹輪、火腿、肉……可以用剪刀剪開的食物比你想像的多。不知道該怎麼做的時候，總之先拿起剪刀再說。

手

就算是雞胸肉或雞柳，只要加熱後，就能順著纖維撕開。現在正是你伸出援手的時候。來，用力地撕吧。

絞肉

事先剁碎的肉。既快熟，又容易吃，是食材最理想的狀態。這麼一來，砧板就英雄完全無用武之地了。

菜葉

迷你生菜可以直接拿來用，高麗菜和茼萓則用手撕成小片。看吧，砧板的必要性是不是離我們愈來愈遠了……。

對砧板表示同情

憎恨解決不了任何問題。因為珍惜砧板，不想傷害砧板，我們才想方設法不使用砧板。絕不是為了偷懶。沒錯，就這麼決定了。

好想成為
「療癒系女生」
綠

啊……
我叫土子。
這麼暗淡
真不好意思

從「快速解決一餐」到「好好吃飯」

納豆與另一碗蓋飯

「午餐？我要吃納豆拌飯。」很多人都這樣打發一餐。可是納豆蓋飯都是咖啡色對吧。咖啡色也沒關係，如果可以的話，是不是想要繽紛一點？

迅速地
3
分

納豆秋葵蓋飯

黏踢踢與黏踢踢的感情好得就跟親兄弟沒兩樣。秋葵脆脆的口感令人欲罷不能。

納豆酪梨蓋飯

黏踢踢與滑溜溜的感情好得就跟表兄弟沒兩樣。與甜甜的醬油也很對味呢。

多重視
我一點嘛

黃

納豆美乃滋鮪魚蓋飯

鮪魚與美乃滋乃天作之合。加起來就成了大家都喜歡的味道。

納豆起司蓋飯

起司融化在熱呼呼的白飯上，為納豆增加了濃郁的風味。

紅

納豆泡菜蓋飯

發酵與發酵的健康二重奏。雖然也能吃到納豆，但幾乎都是泡菜的風味。

納豆番茄蓋飯

香甜美味的番茄很搶戲，與納豆相得益彰。充滿意外！

真想塗上
大紅色的口紅

白

納豆豆腐蓋飯

原本同樣都是大豆家族。與白飯攪拌均勻後，口感十分溫和細膩。不愧是老鄉。

真想染上
你的顏色

納豆山藥蓋飯

美味的程度會讓你專門為了做這道菜買山藥回家。

懶惰鬼來賠不是了

我通常微波好冷凍白飯，就直接把保鮮膜鋪在碗裡。鋪上保鮮膜的碗不怕弄髒。因為黏黏的納豆沾在碗裡很難洗乾淨，這樣就可以少洗一個碗了。發生天災時也能這麼做，所以我是在練習。

只要一個平底鍋就能搞定

色香味俱全的焗烤

電視上播放著週末的美食節目。不知道是誰幹的好事，但是肉的節目也太多了。還有拉得長長的、熱呼呼的起司。雖然很不想承認，但是看起來真的很好吃。可是就算把手伸得再長也吃不到。

這道焗烤可以消除這樣的焦躁。

不需要白醬，也不用放進烤箱裡。只要一個平底鍋就能輕鬆上桌。明明這麼簡單，卻能充分享受到肉與起司的美味。重點在於最後再用大一點的中火一口氣加熱1～2分鐘。光是這麼做，就能讓底部焦脆可口。

眼前「好好吃的樣子」比電視裡「好好吃的樣子」更令人感動。現在就動手吧，感受活在現實生活中的喜悅。

材料（1人份）
- 洋蔥…1/2個
- 奶油…20克
- A 絞肉…100克
- 番茄醬…2大匙
- 麵粉…1大匙
- 牛奶…1杯
- 鹽…1/4小匙
- 白飯…150克
- 綜合起司…50克

作法

① 洋蔥切成薄片。用中火加熱平底鍋（20公分）裡的奶油，等到奶油融化一半後，再鋪平洋蔥，煎1分鐘，炒2分鐘。

② 加入A拌炒，鋪平，撒入麵粉，整個攪拌均勻。

③ 加入牛奶、鹽、攪散的白飯。

④ 均勻地撒上起司，煮到起司融化，邊緣出現焦色。

⑤ 用大一點的中火煮1～2分鐘，讓底部變得焦脆。

迅速地 15分

加入剩下的食材做成大餐

全部！
綿密
清淡
濃郁
刷子
越野車
刷子
馬鈴薯沙拉
燙青江菜
全部
金平牛蒡絲

焗烤香濃綿密的奶香味包裹著各式各樣的食材。像是平常吃不完的小菜或蔬菜、忘記享受的心情。你呢？要把什麼加進去？

Comment allez-vous?

完蛋了！沒煮飯

即便如此還是想吃飯

哈囉，我叫米田米男。

看過《一日が幸せになる朝ごはん》（一日幸福早餐：210道喚醒五感的晨光料理）的朋友是否還記得我。沒錯，我就是那個米田米男。

什麼？忘了煮飯？所以才呼喚Me嗎？真是的。算了，就讓Me教you有史以來，可以在最短的時間內不用洗米就能吃到飯的方法。哈哈哈，別擔心，沒人要you吃生米。

請先聽Me講一個故事。

有一天，Me在義大利餐廳點了燉飯，也做好至少要等30分鐘的心理準備，沒想到，那家店不到20分鐘就把燉飯送上桌了。這真是太神奇了！

燉飯這種食物，是一道通常都不洗米，直接用油拌炒，再加水燉煮的料理。所以Me覺得很不可思議，再去一次，而且又點了燉飯。

偷看廚房裡在搞什麼鬼，發現廚師居然用水煮米！Me大受感動，這方法真是太厲害了。

咕嘟
咕嘟

歐美人確實經常把米當成蔬菜來吃。做成米沙拉就是最好的例子。可是「用水煮米」也太異想天開了，簡直是劃時代的新發現！

Me恍然大悟。日本米的澱粉比義大利米多，質地也比較黏。用水汆燙之後，可以洗掉那些黏黏的成分，還具有讓口感變得更輕盈的效果。

而且吃起來更順口，也不容易脹氣，口感更佳，好處多多。真是個有百利而無一害的方法。

而且煮好以後還能放冰箱保存，或是放進冷凍庫裡凍起來。

Me過去居然都不知道有這麼好的方法，感覺自己簡直是米田家的恥辱。

最後再為大家介紹Me的愛貓——蝸牛。

你說什麼？明明就很可愛！

與蝸牛相親相愛

汆燙米的作法

用鍋子煮沸4杯熱水，加入鹽（1小匙）、米（1/2杯），開中火煮12～15分鐘，瀝乾水分。如果要煮燉飯，汆燙的時間可以縮短為10分鐘。

煮鹹粥

抱歉吶 20分

用鍋子煮沸1杯熱水，加入左側汆燙過的米和市售的湯包。煮到個人喜歡的硬度，再加顆打散的蛋，攪拌均勻，這不就成了一碗鹹粥嗎？再撒點蔥花以增添綠意。

煮燉飯

抱歉吶 20分

材料（1人份）

A 大蒜（切成碎末）…1/2瓣
培根…2片（切成1公分寬）
橄欖油…2小匙

- 鴻喜菇（撕成小撮）…100克
- 起司粉…4大匙
- 洋香菜、粗粒黑胡椒、起司粉…各適量

作法

① 把A放入平底鍋（26公分），開中火爆出香味後再加入鴻喜菇，炒到大蒜變成金黃色。

② 加入上述汆燙過的米和水（1/4杯），炒到個人喜好的硬度，再撒起司粉。

③ 盛入盤中，撒上洋香菜、胡椒、起司粉。

懶惰鬼來賠不是了

以前因為太懶得洗米了，上網買了用清水自動洗米的裝置。可是水的對流不夠好，結果只用了2次就丟掉了。花了我1280圓。

家常菜也能靠「企畫」增添樂趣

飯糰的俄羅斯輪盤

用飯糰的內餡來「探險」。這是經常出現的探險遊戲，把飯糰當成「企畫」的內容。

光是製作「恭喜中獎」和「再接再厲」的餡料，就能與平常的飯糰畫出界線，在緊張刺激的氣氛下大快朵頤。

恭喜中獎的飯糰果然很好吃，但即使抽到再接再厲，也能笑笑地吃下肚。請過個賭幸運的週末。

一次做一大堆的技巧

①在保鮮膜上鋪一長條白飯，放上4種不同的餡料。

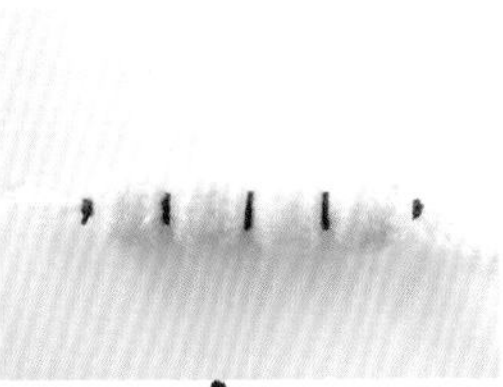

②捲起來，中間用橡皮筋固定，捏成一球。

恭喜中獎!

一整塊的起司

把起司包進熱騰騰的白飯裡，充滿濃郁的奶香味，好吃極了。

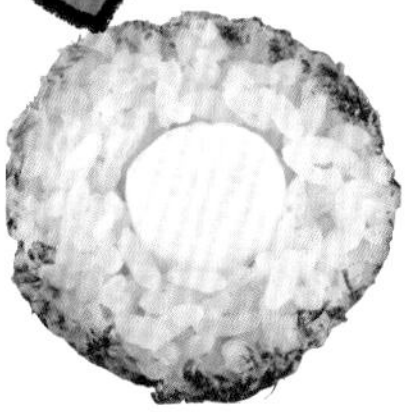

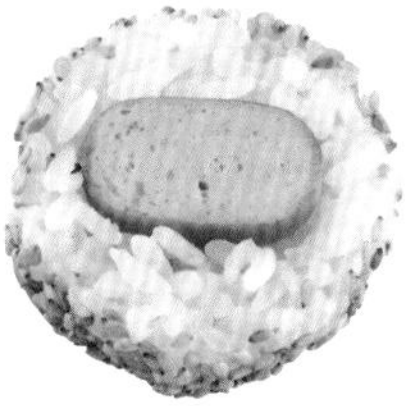

香腸

請購買圓形的香腸，稍微用微波爐加熱一下。也可以加點番茄醬。

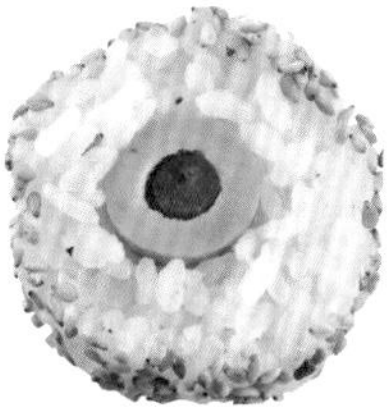

釀橄欖

挖出橄欖核，塞入填充物的橄欖。鹹鹹地與白飯意外對味。

水煮鵪鶉蛋

愛吃蛋的人一定很高興。只要同時加入美乃滋，更是美味無窮。

小番茄

「爆汁」的感覺令人大吃一驚。也可以用火腿捲起來包進去。但是有人不喜歡。

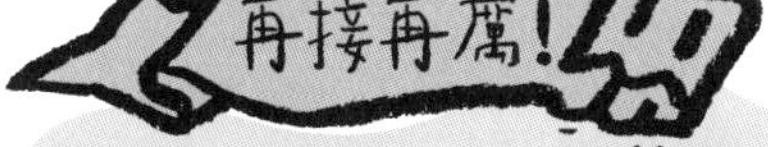
再接再厲!

……是這些玩意兒

米

有一個沒有任何餡料的飯糰。如果對方抗議：「咦？根本什麼也沒包嘛。」可以這樣回答：「包了米啊！」

Me 就是 Me 喔

巧克力捲

真的很難吃，所以我不敢推薦，但是在希望炒熱氣氛「哇！也太衰了！」的日子可以考慮一下。

C'est très doux...

懶惰鬼來賠不是了

因為我懶得一顆一顆捏成飯糰，所以都直接捲成海苔捲般的筒狀，用菜刀切開。這麼一來就能一次做很多喔。內餡只有我愛吃的東西，所以都是恭喜中獎……。

不那麼正式的宴客餐點

以散壽司表示敬意

散壽司是用於向對方表示敬意的料理。因為材料比平常的餐點更多，白飯還要加入甜醋變成醋飯，比較花時間。因此能向對方表達「這道菜充滿了我對你的心意」，是日本特有的「宴客」料理。

可是做得太豪華，客人反而會覺得受寵若驚。所以如果是中午的宴客，請準備不那麼正式的散壽司。只要把切成小丁的生魚片和蔬菜堆在醋飯上即可。

別讓對方感到太拘束，這也是表達敬意的一種方法。

哈囉
週日公主！
壽司桶好可愛……
好可愛的壽司桶
啊！

材料（2～3人份）
- 酪梨…1/2個
- 小黃瓜…1條
- 煎蛋（市售）…適量
- 各種生魚片…200～250克
- 白飯…500～600克
- 海苔（撕碎）…1張

A 醋…6大匙
砂糖…2大匙
鹽…1小匙

B 醬油、山葵…各適量

迅速地 15分

作法

①蔬菜和煎蛋切成1公分的小丁。

②生魚片切成1.5公分的小丁，與醬油（1大匙）拌勻。

③把白飯平鋪在壽司桶或容器裡，撒上海苔。將A攪拌均勻，均勻地淋在白飯上。如果是剛煮好的飯，也可以加入A拌勻。

④把色彩繽紛的①②放在③上，再均勻地淋上攪拌過的B。

沒有壽司桶怎麼辦

利用牛奶盒的身體部分，堆成菱形。這時請比照押壽司的作法，為醋飯塑形。如果能堆得層次分明會更美觀。把A和B堆在上面。

壽司桶之神感謝您！

如果有壽司桶，除了散壽司以外，還有各式各樣的用途。建議選購直徑30公分的壽司桶。這種尺寸比較容易用來拌勻2～3杯米的白飯，也比較方便保管。使用的30分鐘前先盛滿水，要用之前再用乾淨的布擦乾。

用來裝麵線也很風雅

夏天從餐桌上散發出一股清涼的感覺。與冰塊一起在水中搖曳的麵線，呈現出美不勝收的光景。

用來放三明治也很可愛

如果各位以為只能用來裝日本料理就大錯特錯了。買回來的三明治看起來一下子變得好特別。也能裝飯糰。

懶惰鬼 Presents

見不得人的肉蛋飯

大家好，我是懶惰鬼。
截至目前，各位看了許多漂漂亮亮的照片，
但是真正在家吃飯的時候，不會這麼時尚吧？
因為肉和蛋和碳水化合物的組合，
真的非常好吃嘛。
才不想用什麼蔬菜為料理增色，只想做自己愛吃的東西。
這才是「見不得人飯」的終極目標。

平常的香腸就很好吃了

溫泉蛋波隆納香腸蓋飯

我最喜歡波隆納香腸了。300 圓就能買到 1 條，保存期限很長，具有火腿和別的香腸都吃不到的美味。光是這個就能成為令人心滿意足的配菜，如果再放上溫泉蛋和奶油、淋點醬油，更是美味得讓人覺得有如置身於天堂。

喂—

雞蛋拌飯佐鑫鑫腸

先把鑫鑫腸放入碗中，直接用微波爐加熱 30 秒左右。再裝飯，打一顆蛋，僅此而已。光是普通的雞蛋拌飯就很好吃了，再加上鑫鑫腸這項「配菜」，還能營造出大餐的氣氛。而且只要洗一個碗就行了。

看起來真不上相

其實還想加入紫蘇
但又覺得好麻煩
所以就算了

我很喜歡烏龍麵煮到軟爛的柔和滋味。燒一鍋水，煮冷凍烏龍麵，再加入豬五花肉片，用高湯粉和鹽、胡椒調味。最後再打一顆蛋。如果加入梅乾以增加鹹度和酸味會更好吃。當然是連籽一起丟進去。

豬五花蛋烏龍麵

培根高湯蛋捲蓋飯

啊，好想吃高湯蛋捲啊！在無法壓抑這樣的衝動下做出來的一道菜。只要把不甜的高湯蛋捲豪邁地放在加了炒培根的白飯上即可。風味溫和的高湯蛋捲與鹹鹹的培根，再加上甜甜的飯。不需要在意熱量的日子還可以淋上美乃滋。好幸福啊……！

青菜在哪裡？
不吃蔬菜嗎？

想到就可以馬上開動的碳水化合物。把絞肉炒好，用鹽和胡椒調味，再加入煮好的麵線。淋上醬油，最後再加入打散的蛋，煮到半熟，盛入碗中。柔韌彈牙的口感或許比炒麵更好吃！吃到一半還可以再撒點蔥花，換換口味。

絞肉蛋炒麵線

麵包的假日早午餐

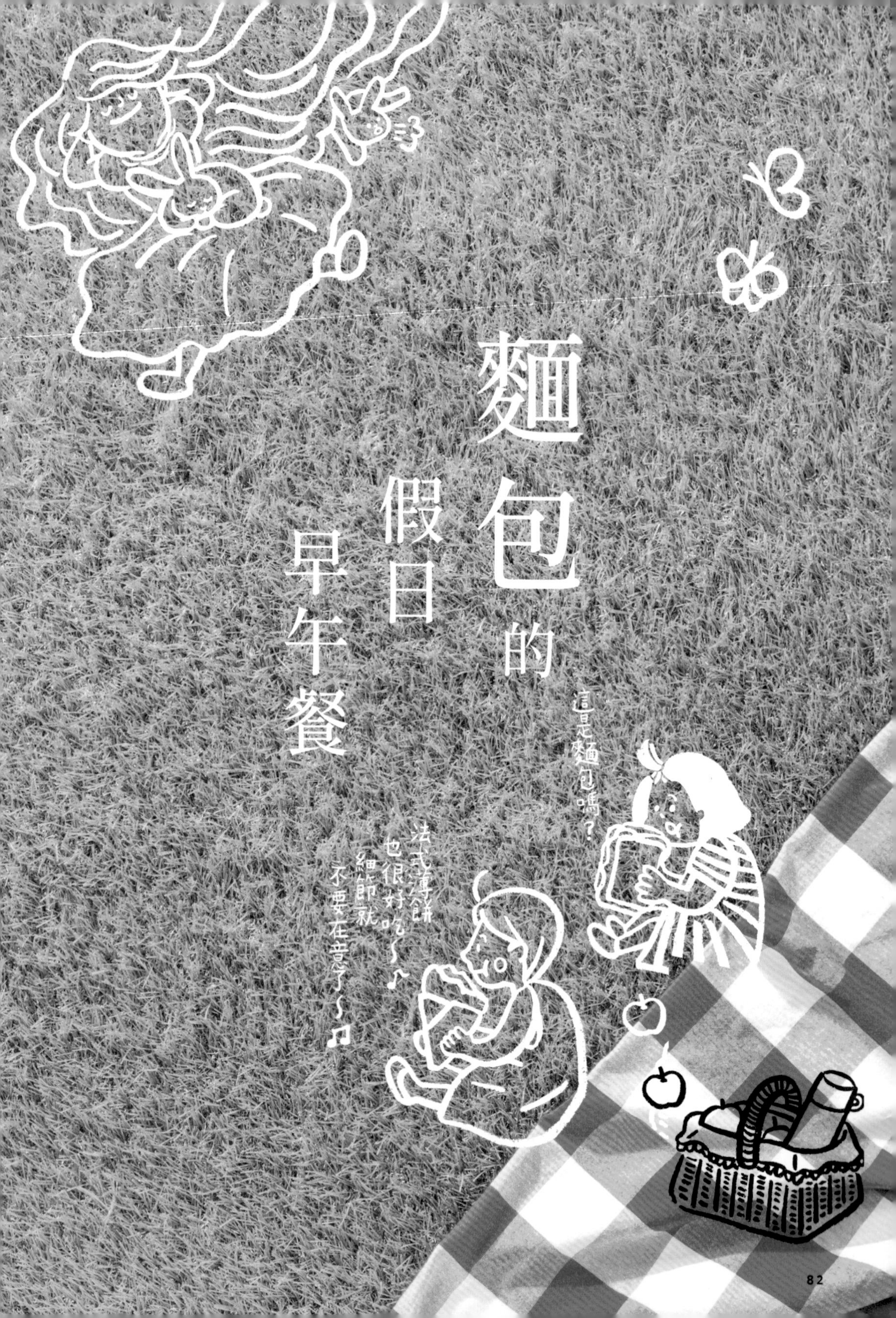
這是麵包嗎？
法式薄餅也很好吃～♪
細節就不要在意了～♫

有點沮喪的時候，

如果身邊有能「哈哈哈」地陪自己談天說笑的人，

是一件非常幸福的事。

即使再沉重的問題，只要當成氣球一樣輕盈，

真的就會覺得輕鬆許多。

我認為麵包就像這種不用費心交往的朋友。

世上有各式各樣的主食，飯或麵會在肚子裡發揮不容小覷的存在感。

可是麵包吃起來比較沒有負擔，也很容易消化吸收。

因為沒有負擔，忙碌的時候都搭配飲料一口氣吞下去。

可是下次放假的時候，要不要細細地品味一下麵包？

許多國家的人每天都要吃麵包，

麵粉的美味與香氣有著難以言喻的強大力量。

或許麵包和朋友都是因為「內心強韌」才具有舉重若輕的存在感。

時下流行的開放式三明治

Smørrebrød

Smørrebrød。Smø？相撲嗎？（譯註：相撲的日文發音為sumo）非也非也，既不會把你推出土俵，也不會把你拎起來扔出去。

Smørrebrød其實就是所謂的開放式三明治，是丹麥等北歐國家的當地美食。「Smørre」是奶油、「brød」是麵包的意思。因為天氣寒冷，種不出小麥，所以用黑麥麵包代替，再放上簡單的家常菜，用刀叉來吃。

配料多於三明治，能攝取到大量的蔬菜與蛋白質，讓人產生有如相撲力士的力氣。可是與相撲一點關係也沒有喔。多謝招待。

最後再撒上鹽與胡椒調味！
請原諒我說出這麼無聊的雙關語！
迅速地
10分

培根蛋蘆筍

烤蘆筍鬆鬆軟軟的口感，與香濃綿密的溫泉蛋十分對味！只要閉上雙眼，會以為是「班乃迪克蛋」也說不定。

酪梨火腿起司

請選擇熟透的酪梨，黏黏滑滑的口感與麵包簡直是天作之合。如果再為麵包塗上酪梨醬、擠點檸檬汁就更好吃了。

構造分析

看起來很精緻但其實很簡單！

看到右邊的照片，你是否產生了「咦，這道菜也太精緻？」的猶豫與懷疑。可是，不要緊，這道菜只需要用到手邊的材料。只要了解構造，任何人都能輕鬆地搞定。

火腿、培根層

只要是具有鹹度的蛋白質，這一層要放什麼都可以。把肉換成煙燻鮭魚或鮪仔魚也很對味喔。

火腿

培根

起司、蛋層

這一層是為了增加美味與風味。奶油起司或水煮蛋也很好吃。

起司片

溫泉蛋

蔬菜層

這一層是用來增加色彩與分量。只要是能用刀叉輕鬆食用的蔬菜，什麼都可以。

酪梨

烤過的蘆筍

番茄

迷你生菜

麵包上的塗層

讓風味更多層次的塗層。重點在於酸味與鹽分。最常見的作法是塗上一層厚厚的奶油。

- 美乃滋…2 大匙
- 檸檬汁…1 小匙
- 鹽、胡椒…各少許
  將以上材料與搗成泥狀的 1/4 個酪梨攪拌均勻

or

- 粗粒黃芥末醬…1 大匙

麵包層

建議選用口感紮實的麵包，例如黑麥麵包或雜糧麵包。也可以稍微烤一下。

切成大片的黑麥麵包

哇，看起來好好吃

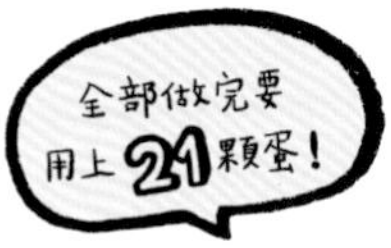

只有蛋的三明治

只有斑馬的動物園

只要沒有特別寫出「要在麵包上塗什麼」基本上都是塗奶油或美乃滋

甜煎蛋三明治

有如甜點般的三明治。塗上大量的芥末美乃滋，「甜」「辣」「鹹」的對比令人眼花撩亂。

打散4顆蛋，加入砂糖（2大匙）、醬油（2小匙）、水（1大匙），製作煎蛋捲。為麵包塗上芥末美乃滋，夾入放涼後切開的煎蛋捲。

魯蛋三明治

煮到8分熟的蛋黃靜置一整晚，水分揮發後會變得黏稠。沒想到日式魯蛋與西式的三明治如此對味。

把醬油（2大匙）、砂糖（1大匙）、醋、麻油（各1小匙）裝進塑膠袋裡，放入2顆水煮蛋，靜置一晚。對半切開，與海苔一起夾進麵包裡。

蛋沙拉三明治

蛋沙拉是令人放心的味道。從哪裡開始吃都能吃到溫柔的風味。自己做比買回來的更能感受到蛋的滋味，這是為什麼呢？

2顆水煮蛋稍微切碎，與美乃滋（2大匙）、砂糖（1/4小匙）、鹽（2小撮）混合攪拌均勻，塗在麵包上，夾起來。

薄燒蛋捲三明治

能將蛋的美味發揮得淋漓盡致。切成可食用的形狀，很適合去野餐。煎成方形，還能避免咬到邊邊吃不到料的悲劇。

打散2顆蛋，與砂糖（2小匙）、鹽（1/4小匙）攪拌均勻。加熱平底鍋（20公分）裡的沙拉油（2小匙），倒入蛋液。整理成跟土司一樣的形狀，夾入麵包裡。

我也想加入

三明治在切的時候會弄髒刀子，很麻煩對吧。所以我都把荷包蛋放在1片麵包上，再擠些美乃滋，直接用手夾起來吃。這麼一來只會弄髒一個平底鍋。與其說是三明治，更像是鑽進睡袋裡的蛋。啊，該睡午覺了。

懶惰鬼來賠不是了

各位看到斑馬，都會覺得「啊，是斑馬！」對吧。
即使都是斑馬，只要仔細端詳，就能發現每隻斑馬的花紋都不一樣。
蛋三明治也是，明明只用麵包和蛋來製作，味道卻各有千秋。
假日中午，不妨從蛋三明治中發掘這種多元化的喜悅。

水煮蛋三明治

塞滿了水煮蛋的三明治與美乃滋番茄醬超級對味！蛋如果從常溫開始煮8分鐘，就能嘗到裡面半熟的濃郁風味。

用切蛋器把3顆水煮蛋切成圓片。將美乃滋（2大匙）和番茄醬（1大匙）攪拌均勻，塗在麵包上，再夾入蛋。

荷包蛋三明治

滑溜溜的蛋白、鬆軟綿密的蛋黃。這兩種口感讓大腦充分感受到美味。無論你是醬油派還是鹽派，都請務必試一下醬汁風味。

用2顆蛋煎荷包蛋。為麵包塗上中濃醬（1大匙），夾入荷包蛋。

舒芙蕾蛋三明治

「啊，蛋白好好吃啊！」發現一種新的美味了。口感有如雲朵般柔軟。

分開3顆蛋的蛋黃和蛋白，蛋白打發30秒，加入醋（1/4小匙）、鹽（1小撮），製作成質地紮實的蛋白霜。再加入打散的蛋黃，用橡膠刮刀攪拌均勻。加熱平底鍋（20公分），倒入沙拉油（1小匙）和奶油（10克），再倒入蛋，蓋上鍋蓋，用小火煎7分鐘，再翻面煎3分鐘，取出來，夾進麵包裡。

高湯蛋捲三明治

高湯蛋捲不切開，整條夾進麵包裡，一口咬下，蛋汁都要噴出來了。高湯的香味與麵包的甜味令人無法思考，讓人一吃上癮。

仔細地拌勻3顆蛋和高湯（5～6大匙）、味醂（1大匙）、醬油（1/2小匙）、鹽（1/3小匙）。用煎蛋器煎成高湯蛋捲。不要切，直接夾進麵包裡。與紫蘇也十分對味。

享受非日常的滋味

QQ法式薄餅

法式薄餅是法國布列塔尼地方的鄉土料理。換句話說，在製作的時候會感覺置身於法國。儘管材料都是蛋或起司這些家常的東西，卻能從中感受到取悅別人的非日常氛圍。

本來用的是蕎麥粉，這次是改成用麵粉來做的簡單版本。麵粉做起來比蕎麥粉更柔韌有嚼勁，口感相當美妙。

而且還能攝取到更多蛋白質而非碳水化合物。從這個角度來看，也是非常好吃又健康的午餐。

材料（2人份）
A 低筋麵粉…60克
鹽…1/8小匙
・水…3/4杯
・沙拉油…1小匙
・綜合起司…50克
・生火腿…4片
・蛋…2顆
・粗粒黃芥末醬、蔬菜…各適量
迅速地
15分
（扣掉醒麵的時間）
①用調理碗將A徹底攪拌均勻。
②一點一滴地注入水，攪拌均勻，加入1小匙油，攪拌到柔滑細緻。
③蓋上保鮮膜，放在常溫下醒20分鐘。
④用大一點的中火加熱平底鍋（26公分），以廚房專用紙巾沾點油（適量），薄薄地抹在平底鍋上。
收起
⑤將平底鍋放在濕抹布上，倒入1/2的A……。
拿起
⑥迅速地攤平麵糊。
⑦再開中火，煎3分鐘，煎到麵糊的周圍稍微變色，倒入一半的起司，攤開。
⑧打1顆蛋，將2片生火腿撕碎，放在四周。
⑨把四個邊往內折，蓋上鍋蓋，用小火煎3～5分鐘。
以燜煎的方式煎到蛋呈半熟狀。
⑩掀開鍋蓋，再煎3分鐘左右，直到麵糊變得酥脆為止。
砰！
我的工作
在煎好1片法式薄餅的時間就結束了

完

不用點外送比薩也沒問題

用罐頭做4種比薩

比薩比薩比薩比薩比薩比薩比薩比薩比薩比薩比薩。那這是什麼，比……比薩！

下次放假的時候，不妨在家裡悠閒地看電影，或是看電視轉播的運動賽事。

能為這種不出門的假日炒熱氣氛的食物，沒錯，就是比薩！

點外送可能有點貴，其實這種比薩只要放上罐頭食材就行了，所以還能省下烹調配料的時間。餅皮只要用冷凍比薩的餅皮即可完成，上網就能輕鬆地買到。

在家烤比薩根本花不了多少錢。

請試著說10次比薩。

抱歉吶

25分

只有比薩醬想自己動手做！
那就把這些攪拌均勻吧

- 洋蔥（切成碎末）…30 克
- 大蒜（磨成蒜泥）…1/6 瓣
- 番茄醬…4 大匙
- 洋香菜（切成碎末）、橄欖油…各 1 大匙

我很喜歡美乃滋照燒雞風味，所以買了熟食攤的烤雞。再與美乃滋和罐頭玉米粒一起下去烤。我以前曾經從照燒雞開始做，但雞肉太好吃了，還來不及放上比薩就被我吃光了……。

懶惰鬼來賠不是了

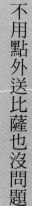

作法

將比薩醬或美乃滋塗在冷凍比薩餅皮上，放上蔬菜和瀝乾水分的罐頭配料。再依個人喜好放上莫札瑞拉起司或綜合起司等，放進200度的烤箱裡烤12～15分鐘。

鯖魚罐頭 × 比薩醬

「鯖魚和番茄怎麼會這麼對味啊！」令人大吃一驚，好吃得幾乎要飛上天了。將比薩醬抹在餅皮上，放上切成薄片的洋蔥，再瀝乾水煮鯖魚罐頭的湯汁，把鯖魚放上去。跟紅酒也很對味。

烤雞罐頭 × 美乃滋

我是那種看到比薩菜單，一定會點「美乃滋照燒雞風味」的人。只要將美乃滋塗在餅皮上，撒些高麗菜絲，再放上罐頭烤雞即可。一定很好吃。

鹹牛肉罐頭 × 美乃滋

餅皮塗上美乃滋，放上切成薄片的洋蔥，再放上罐頭鹹牛肉。好吃到讓人忍不住大喊「肉！」

扇貝罐頭 × 比薩醬

美味的扇貝愈嚼愈甘甜。為餅皮塗上比薩醬，撒上高麗菜絲，再滿滿地放上瀝乾湯汁的扇貝。

最近蔬菜好像吃得太少了

塞進口袋餅的蔬菜

抱歉吶 20分

用鹽抓過的蔬菜實在很了不起，因為甩掉了多餘的水分，能一次吃進大量。

光是下圖的2個口袋餅，就能攝取到約130克的蔬菜。

蔬菜有自己的個性，每一種的口感和香味都不一樣，所以用鹽抓過以後，可以享受到千奇百怪的組合。分別裝進不同的保鮮盒裡，還能享受自己包口袋餅的樂趣。

如果沒有口袋餅，也可以改用切成兩半的白麵包。

甜不辣口袋餅

在口袋餅的發源地中東，也經常會夾魚漿製品來吃，所以在日本可以夾入甜不辣。不妨把表面炸到金黃酥脆，再滿滿地塞入用鹽抓過的小黃瓜、紅蘿蔔、大蔥、紅皺葉萵苣。

豬肉口袋餅

美味的豬肉可以讓人多吃一點蔬菜。把豬五花肉片煎得酥酥脆脆，在用鹽抓過的高麗菜、甜椒、洋蔥裡，再加入紅皺葉萵苣的話，分量更是驚人。

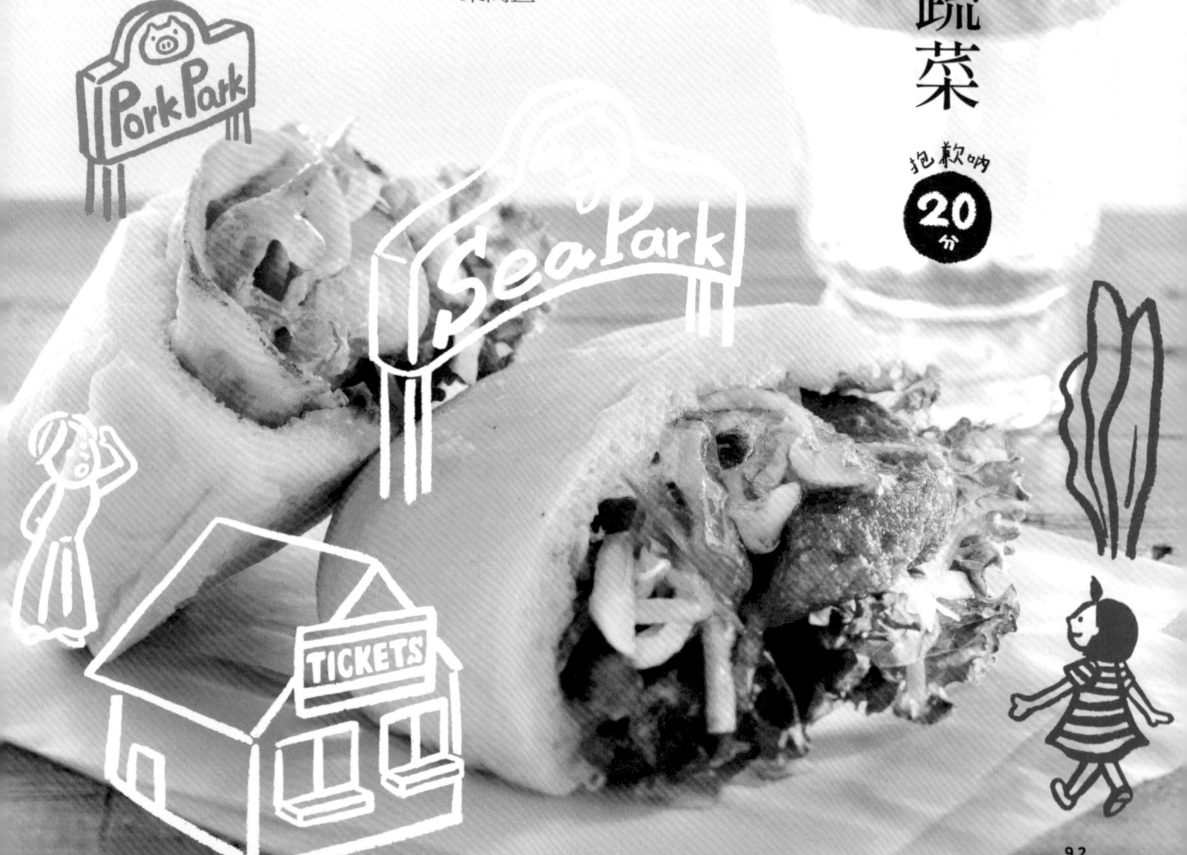

鹽抓蔬菜的基本步驟

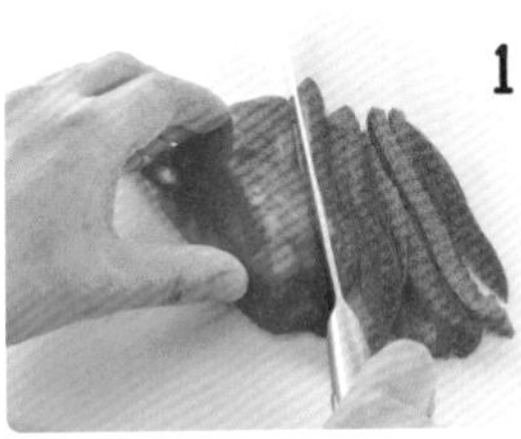

1

把 100～120 克的蔬菜切成細絲。

2

在水（2 大匙）裡加鹽（1/2 小匙）調製成鹽水。

3

把蔬菜浸泡在鹽水裡，靜置 10 分鐘，稍微擰乾水分。

鹽漬水族館

—— 大地的恩賜與海洋之愛 ——

鹽野鹽藏先生

蔬菜各有各的特徵。自己到底想創造出何種價值觀的口袋餅呢？請決定好方向性，快樂地排列組合。

清脆的口感

蔬菜含有很多水分，口感清脆。加到口袋餅裡會一口氣增加分量。以水族館為例，相當於曼波魚。

小黃瓜

高麗菜

增色

說到色彩，果然還是紅色最耀眼！番茄不適合用鹽醃漬，但也屬於這一種。芹菜的葉子或深綠色的青菜通常都可以用鹽醃漬。以水族館為例，相當於熱帶魚。

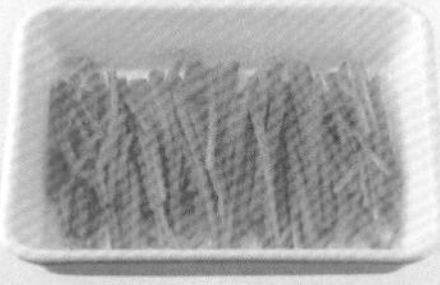

紅蘿蔔

甜椒

香味、辣度

不需要太多，但是沒有的話又索然無味，負責畫龍點睛。以水族館為例，相當於花園鰻。

洋蔥

大蔥

建議使用這些醬料

也可以只用美乃滋，但是建議將右側的材料混合成醬汁。橘皮果醬多層次的甜味與辣油的嗆辣能讓平凡無奇的鹽抓蔬菜一下子升級為「餐廳風味」。

- 橘皮果醬…2 大匙
- 醋…2 小匙
- 鹽…1/2 小匙
- 辣油…10 滴

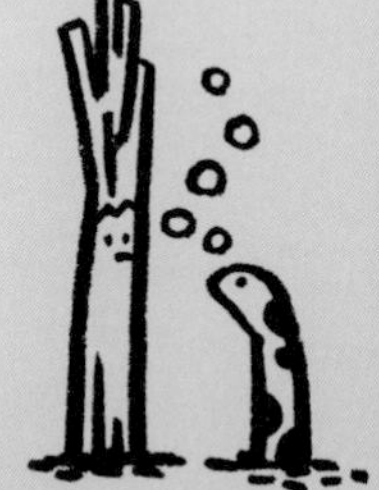

鬆餅戰爭一觸即發！

使用了以前很珍貴的蛋和牛奶，鬆餅曾經是很奢侈的料理。但隨著時間經過，一般人也可以吃到了。如今分成甜鬆餅陣營與甜甜鹹鹹的陣營，兩方混戰，火花四射。

甜鬆餅的優勢，莫過於從頭到尾，都能為感官帶來神魂顛倒的「甜蜜」刺激。

相較之下，甜甜鹹鹹的鬆餅，強就強在一次就能滿足吃的人吃完甜食以後，一定會出現的「想吃點鹹的東

迅速地 10分（扣掉做起司醬的時間）

Team
甜鬆餅陣營
草莓奶油起司將軍
得到假日公主的人就能多放幾天假喔！

酸酸甜甜的公主殿下！為5顆切成圓片的草莓撒上砂糖（1大匙），靜置1小時。如欲製作奶油起司，請先把30克奶油起司置於室溫下，再加入牛奶（2小匙）和少許自己喜歡的利口酒，攪拌均勻至柔滑細緻。

香蕉鮮奶油咖啡・貴子

可靠的大姊！在最常見的香蕉鮮奶油上淋一點苦澀的即溶咖啡。

宇治金時冰淇淋・京子

日式風情！放上抹茶冰淇淋與鮮奶油、煮紅豆就成了京都美人。

西」的欲望。

可以買冷凍鬆餅，也可以買冷藏鬆餅。勝負的關鍵在於上頭的配料。

你要為誰搖旗助威呢？是站在甜的那邊？還是站在甜甜鹹鹹那邊？

冷凍鬆餅

躺在超市冷凍櫃裡的鬆餅。只需用微波爐加熱，或是用平底鍋煎一下，通常就能弄得很好吃。特別推薦 picard 的產品。也可以上網購買。

大家原本
都是鬆餅……
嬰兒期

藍莓火腿・秀一

這種意外的搭配就像是第一名的學生突然剪了個龐克頭！我都不曉得藍莓果醬和生火腿居然如此對味。

香腸 橘皮果醬・聖司

簡直就像是愛出風頭的忍者！微甜的苦澀與香腸的燻製氣味意外地合拍。蘆筍和香腸、洋蔥要先炒熟。

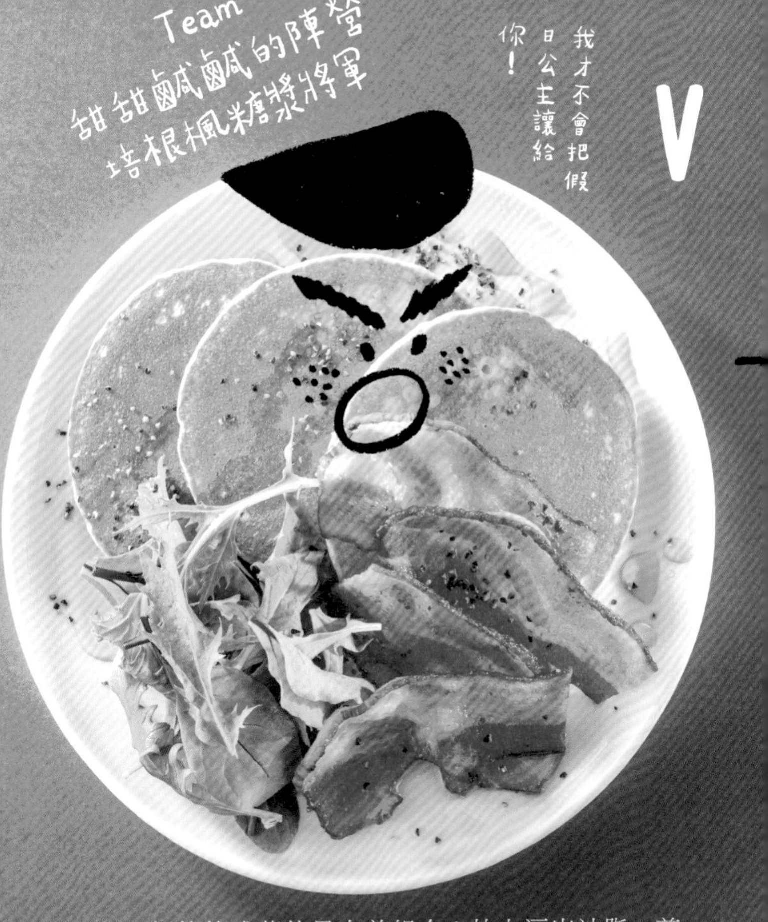
Team
甜甜鹹鹹的陣營
培根楓糖漿將軍
我才不會把假日公主讓給你！
V

這是無心插柳柳成蔭的最完美組合！放上逼出油脂、煎得金黃酥脆的培根，淋上楓糖漿，再撒點粗粒黑胡椒。

懶惰鬼來賠不是了

我喜歡甜甜鹹鹹的鬆餅。因為我很喜歡黃桃莫札瑞拉起司，也很喜歡水果沙拉。可是糖醋排骨裡的鳳梨就有點……。冷麵加櫻桃也有點……。怎麼會有這種差別呢。

沒有調理碗也能做漢堡肉

解放漢堡

處理完絞肉的調理碗沾滿油脂，洗起來很麻煩。

可是這道漢堡是用絞肉的盒子製作肉餡，不需要用到調理碗。再加上叉子和廚房專用紙巾助力，幾乎不會弄髒手。

或許有人會擔心「不用捏緊嗎？」沒錯，這樣才好。歪七扭八的肉和多汁的口感，可以讓漢堡肉具有更多「肉」的感覺。

來吧，既然是在家裡，也不用顧忌形象，大可以張大嘴巴一口咬下。還不用洗一大堆碗盤，感覺神清氣爽。是一道能讓自己從中午就得到解放的午餐。

材料（2個份）

A 牛絞肉…300克
麵粉…1又1/2大匙
鹽、粗粒黑胡椒…各1/3小匙

- 沙拉油…1小匙

B 番茄醬…2大匙
中濃醬、粗粒黃芥末醬…各1小匙

- 番茄（切成1公分厚的圓片）…2片
- 洋蔥（切成薄片）…30克
- 大一點的圓麵包…2個

抱歉吶 20分

作法

① 依照下面的作法製作漢堡肉。
② 以中火加熱平底鍋（26公分）裡的油30秒，放入漢堡肉，煎4～5分鐘，翻面，再煎4～5分鐘。
③ 把麵包從中間切成兩半，稍微烤一下。
④ 把漢堡肉放在麵包上，淋上適量B的醬汁，再放上番茄、洋蔥，夾起來吃。

照這樣製作漢堡肉

1 把A放進絞肉的盒子裡，用叉子攪拌1分鐘，分成2等分。

2 分別把肉餡放在廚房專用紙巾上，捏成直徑10～12公分的圓形。

雙層起司漢堡

與其說是漢堡，更像是幾乎用手抓肉來吃。非常適合家裡有食欲旺盛的青少年。

¥0

照燒漢堡

最受歡迎的口味。煎熟漢堡肉，沾裹以1：1的比例調勻的砂糖與醬油，再加上大量的美乃滋。

¥0

培根萵苣漢堡

萵苣爽脆的口感和培根煙燻的香味讓整顆漢堡更像是餐廳做的。

土司漢堡

手邊既沒有圓麵包，也沒有漢堡麵包，這時土司就派上用場了。甜甜的土司會讓肉吃起來更美味。

¥0

下雨天的回憶

用鬆餅粉做手撕麵包

抱歉吶 30分

明明假日的中午，卻下起了雨。
記得嗎？那天也下著雨。
鼻尖沾上鬆餅粉，
相視而笑的你和我。
真希望時間能永遠停在那一刻。

材料（**1只20公分的平底鍋**）

- 鬆餅粉…250克
- 牛奶…1/2杯
- 沙拉油…2大匙

A 香腸…3條（切成0.5公分寬）
起司片（撕碎）…4片

粗粒黑胡椒…少許

作法

1/2杯

①把鬆餅粉倒進大一點的調理碗，中間挖個洞，注入牛奶，從中間向外混合攪拌均勻。

2大匙

②整個攪拌均勻後，加入油，再攪拌1～2分鐘。

香腸
起司
胡椒

③攪拌到表面變得光滑後，加入A，繼續攪拌到完全均勻為止。

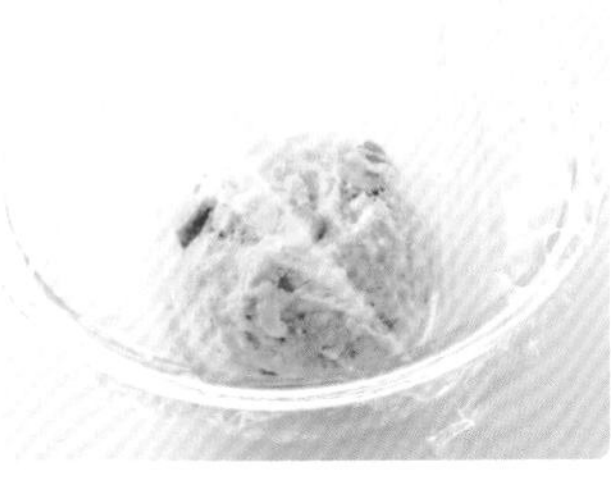

④和成圓形，放入調理碗中，蓋上保鮮膜，在室溫下靜置20分鐘。

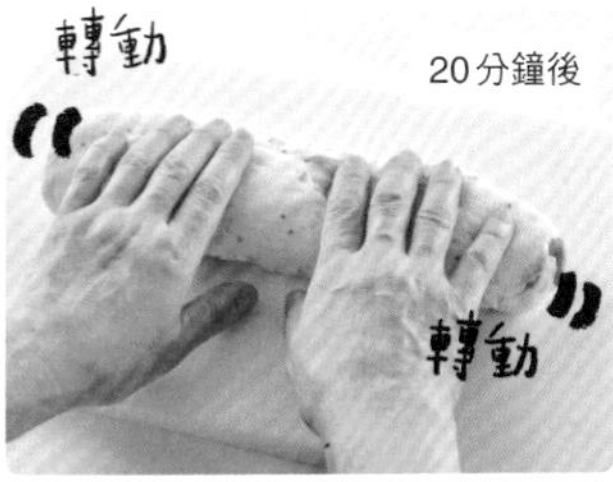
轉動
20分鐘後
轉動

⑤取出麵糰，放在砧板上，邊轉動邊揉成棒狀。

下、下個換我了……

⑥切成15等分，用掌心揉成球狀。

要用20公分的平底鍋喔

⑦將烘焙紙鋪在平底鍋裡，放入麵糰。

緊張萬分

⑧蓋上鍋蓋，開中火，煎2～3分鐘，再轉小火，煎5分鐘。

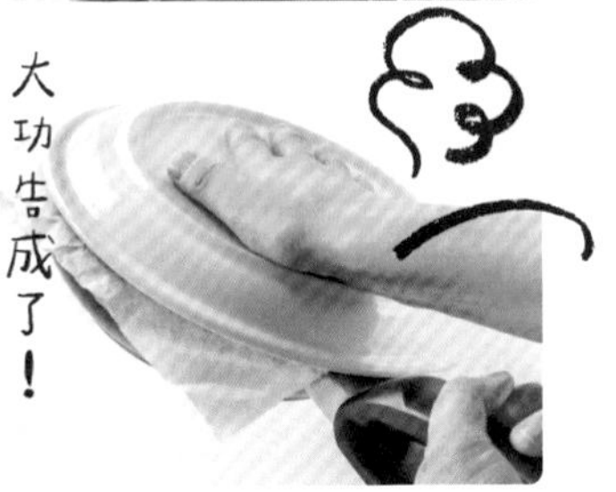
大功告成了！

⑨掀開鍋蓋，連同烘焙紙移到盤子裡，將盤子倒扣在平底鍋上，把麵糰翻過來，再用小火煎10～12分鐘。

充滿了美式熱狗的風味～♪

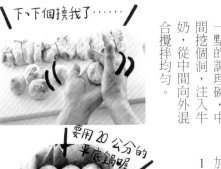

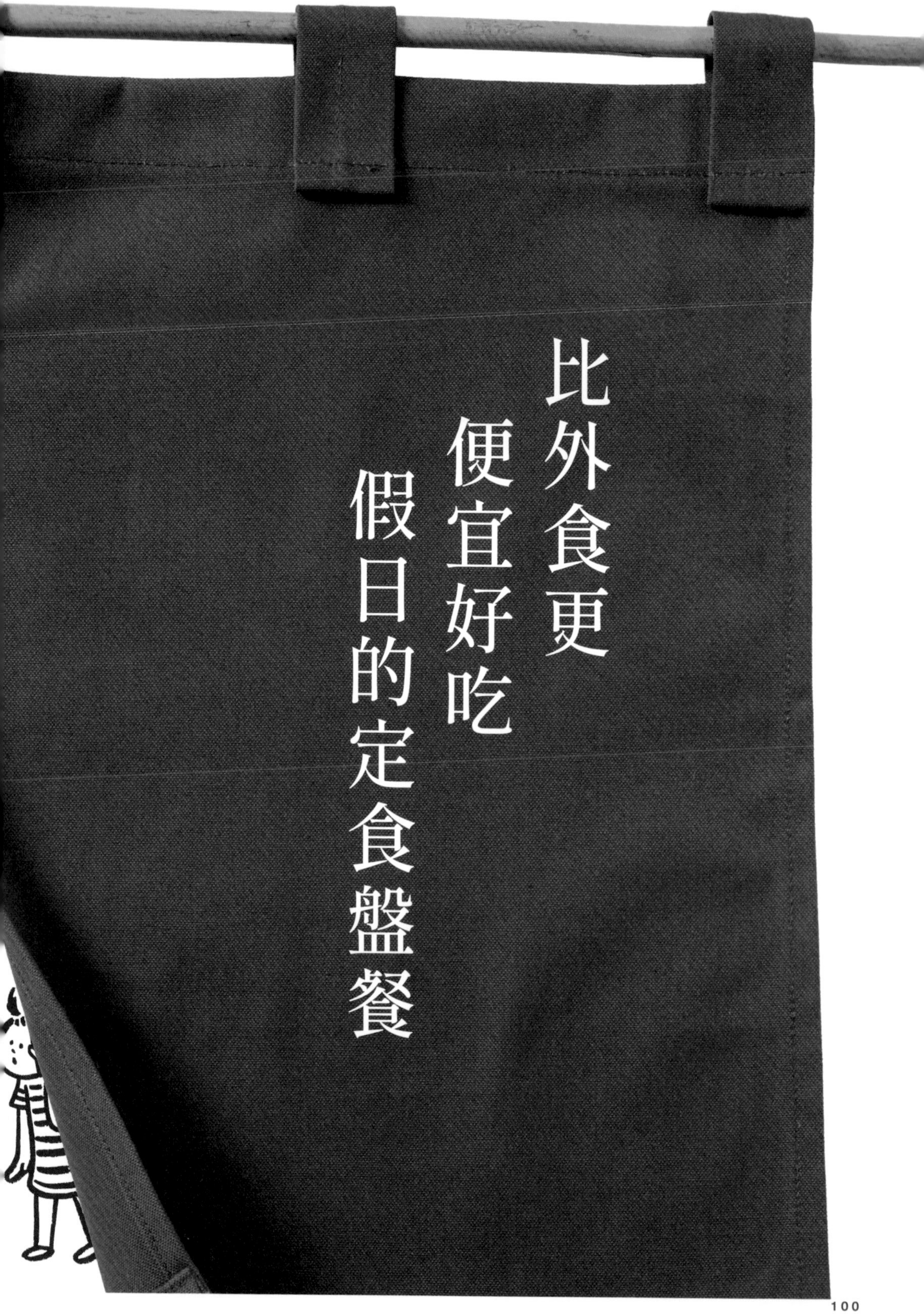

比外食更便宜好吃假日的定食盤餐

每次經過時都會留意到那家咖啡廳。
無論吃過再多次都覺得好好吃的那家咖哩店。
哎，總覺得假日在外面吃午餐好開心啊。
「可是很花錢，不可能每週都外食。」
「附近沒什麼餐廳可以選。」
「孩子還小，外食有點困難……」
我想應該也有很多人有這方面的困擾。
可是，偶爾還是想要享受一下那種「有點特別」的感覺。
因此在這一章，將為各位介紹可以在家裡享受外食氣氛的菜單。
再加上「冰箱還有剩下的雞肉，今天來做烤雞蓋飯」之類的，
可以拿前一天晚上沒用完的「主菜食材」來做。
而且用一個盤子就能裝下所有的菜餚，所以要洗的碗盤也很少。
每一道配飯的蔬菜都用一個夾鏈袋就可以搞定。
是天氣不好、不想出門的時候也能讓心情變好的菜色。

利用昨天剩下的絞肉（1）

沖繩小餐館的塔可飯

太陽、蔚藍海洋、珊瑚礁、突如其來的大雨、颱風、盛開的扶桑花、屋頂上的風獅爺、三味線的聲音、短袖開襟襯衫、沖繩手舞、迎風搖曳的玉米田、西表山貓、美麗的琉球舞蹈、高聳參天的椰子樹、等了半天也不來的公車、由衷綻放的笑容、塔可飯。

紅蘿蔔絲沙拉

材料（1人份）

- 紅蘿蔔（用刨絲器刨成細絲）…1/2條（80克）
- 鮪魚罐頭（瀝乾湯汁）…1小罐
- 醋、醬油…各1小匙

紅蘿蔔絲放進夾鏈袋，加入鮪魚、調味料，用手揉搓入味，靜置5分鐘就完成了。

好好吃
在店裡吃要900圓
但成本只要326圓！

迅速地 10分

材料（1人份）

A 絞肉…100克
醬油、砂糖…各1小匙

- 萵苣（切絲）…1片
- 小番茄（切成4等分）…4顆
- 綜合起司（生食用）…30克
- 白飯…200克

B 番茄醬…1又1/2大匙
橄欖油、中濃醬…各1小匙
一味辣椒粉…1/3小匙

作法

①在小鍋裡拌勻A，開中火，充分攪拌均勻，煮2～3分鐘，直到把肉炒散為止。

②將白飯盛入盤中，撒上萵苣、①、番茄，淋上攪拌勻的B，撒些起司。

吃的時候請把這一頁放在眼前

利用昨天剩下的雞肉

烤雞店的蔥烤雞蓋飯

歡迎光臨！我是烤雞店的老闆。等一下，不能把雞肉丟進那麼熱的平底鍋裡啦！真是的，所以才說外行人不行嘛。雞肉要在平底鍋還沒熱的時候，從皮的那一面朝下放入。這麼一來，肉的溫度會緩慢上升，把肉汁鎖在裡面，皮也會很脆。

你問我「這是哪裡的土雞？」其實是超級市場買的，不要告訴別人喔。

簡單醃漬一下

材料（1人份）

- 高麗菜（切成2公分寬）…100～150克
- A 水、生薑（軟管）…各1小匙
  鹽、醋…各1/2小匙
  砂糖…1/3小匙

把高麗菜放進夾鏈袋裡，加入A，用手揉搓入味，靜置5分鐘就可以吃了。

迅速地 10分

材料（1人份）

- 雞腿肉…1片
- 大蔥…2根
  （切成3公分長）
- 糯米椒（挖洞）…2根

A　梅乾（去籽拍扁）
　　…2個
　　味醂…2大匙
　　醬油…1小匙
　　山葵醬…1/2小匙

- 白飯…適量

作法

① 雞肉抹鹽（1/4小匙），靜置15分鐘備用。

② 油（1小匙）倒入平底鍋（26公分），開中火加熱30秒，皮朝下放入雞肉，再放入大蔥、糯米椒，把中火轉大一點。

③ 大蔥、糯米椒兩面各煎2~3分鐘後，取出備用。雞肉表面煎7~8分鐘，背面煎3~4分鐘。

④ 雞肉切開，和蔬菜一起放在飯上，淋上A。

抱歉吶 20分

優點評比 ~以雞大哥為例~

肉實在太好吃了！味道及口感依部位而異。都是些充滿個性的傢伙！

皮

味道很濃郁的同時，熱量大約是雞柳的5倍。好可怕！雖然可怕，但也很好吃！因為雞肉的美味全都濃縮在這裡了，難怪這麼下飯。

雞柳

脂肪明明這麼少，卻含有豐富的蛋白質，是不是很厲害？而且還非常有彈性喔。形狀很像柳葉，所以才叫作「雞柳」。聽起來是不是很有學問？

雞胗

雞胗是胃的肌肉！雞都靠這裡磨碎飼料，幫助消化，所以肌肉十分發達，口感脆脆的。也可以當成蓋飯的味覺焦點！

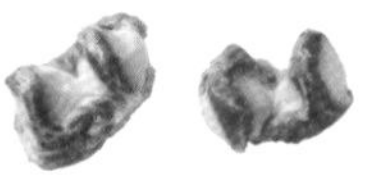

雞胸

脂肪比較少，但其實也很好吃，所以百家爭搶。富含有助於恢復體力的成分，是現在備受矚目的搶手部位！

雞腿

大部分的人都很喜歡這個部位。不只很有滋味，口感也很彈牙。其實是雞肉含有最多鐵質的部分，所以貧血的時候一定要吃！

懶惰鬼來賠不是了

我很懶得拍扁梅乾，所以都使用軟管裝的梅乾泥。芥末和山葵也都是用軟管裝的產品。大蒜、生薑、柚子胡椒也不例外。等不及夏天的來臨，直接擁抱夏天。

乾咖哩
850
豬排蓋飯
800
炸蝦定食
850

利用昨天剩下的絞肉(2)

簡餐店的乾咖哩

哎呀，歡迎光臨，我是簡餐店的老闆娘。

咖哩是個食欲的開關呢。所以「不曉得今天要吃什麼」的日子，管他三七二十一，做咖哩準沒錯。

可是午飯要做咖哩實在很麻煩，於是這道咖哩就派上用場了，10分鐘就能搞定喔。

趁熱用湯匙戳破生蛋來吃。口感濕潤又濃郁，令人一吃上癮。

迅速地 10分

醃洋蔥

材料（1人份）

- 洋蔥…中 1/2 個
- A 砂糖、檸檬汁、沙拉油…各 1 大匙
  鹽…1/4 小匙
  一味辣椒粉…少許

洋蔥以切斷纖維的方向切成薄片。放入夾鏈袋，加入A，用手揉搓入味，再靜置 5 分鐘就可以吃了。

在店裡吃要850圓，
但成本只要142圓！

材料（1人份）

A 絞肉…100克
洋蔥（稍微剁碎）…1/4個
紅蘿蔔（稍微剁碎）…30克

B 大蒜、生薑（軟管）…各1/2小匙
水…1/4杯
咖哩塊（辛口、稍微剁碎）…1盤份
中濃醬…2小匙
醬油…1小匙

• 白飯…200克
• 蛋…1顆

作法

① 用中火加熱平底鍋（26公分）裡的油（1/2大匙），均勻地放入A，煎2分鐘，再炒1分鐘。
② 依序加入B，攪拌均勻。
③ 咖哩塊溶解後，中間撥開一個洞，均勻地倒入白飯，煎1分鐘，再整個拌炒均勻。
④ 盛入盤中，把蛋打在正中央。

迅速地 10分

優點評比
～以豬小姐為例～

肉實在太好吃了！只要是豬肉，就算只是抹鹽下去烤，無論哪個部位都很下飯。光是放在白飯上，就是一碗好吃的蓋飯。

里肌肉

如果想品嘗豬肉特有的美味油脂，選這裡就對了。紋理細緻的肉質與甘甜的風味令人難以抗拒。也是很受歡迎的「豬排用」部位！

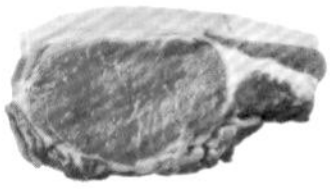

嫩肩里肌

「今天想吃豬肉」的時候一定要選這裡。紋理有點粗，但是卻又好吃得讓人覺得「這才是豬肉」。含有許多的維生素B1、B2，所以對於消除疲勞也很有效喔！

耶
好迷人！
BUTA
是不是
嫩肩里肌
里肌肉
腰內肉
豬腿肉
肩胛肉
五花肉

五花肉

哇，如此濃郁的油脂！雖然有很多脂肪，但那股不管熱量的感覺反而讓美味更上一層樓。可以切成薄片，也可以故意買切成厚片的肉回來，不對，是一定要買！

豬腿肉

大家知道這其實是去骨火腿的原料嗎？因為是紅肉，脂肪比較少，紋理也比較細！請小心不要煮太老了。

腰內肉

只占整隻豬2%的超稀有部位。柔軟細緻的口感十分絲滑。風味很清爽，所以想用油來烹調。低熱量萬歲！

我是豬小姐的粉絲喔！
BUTA

懶惰鬼來賠不是了

這道乾咖哩好吃得讓人都要昏過去了。我才不管蔬菜，只用絞肉來做。另一方面還加入大量起司是我最喜歡的吃法。既然熱量都這麼高了，不妨再加入鮮奶油，好吃就好了，其他的以後再說。

利用昨天剩下的牛肉

燒肉店的蔥鹽牛小排定食

歡迎光臨！我是燒肉店的主廚。

開完烤肉派對的隔天，如果想以清爽的風味吃完剩下的肉，蔥鹽醬是最好的選擇。這種醬汁無論淋在什麼食物上都很好吃。

哎呀，這位客人，你的肉翻太多遍了啦！肉一定要一面烤久一點，再翻過來迅速地烤一下就好，否則會變得乾巴巴喔。沒錯沒錯，這樣才對。

芹菜與韭菜的泡菜

材料（1 人份）

- 芹菜（斜切成 0.5 公分寬）…1/2 根（50 克）
- 韭菜（切成 4 公分長）…30 克
- A　醋、醬油…各 1 大匙
  　砂糖…1 小匙
  　大蒜（軟管）…1/2 小匙
- 辣油…10 滴

把蔬菜放進夾鏈袋裡，加入 A，用手揉搓入味，靜置 5 分鐘就可以吃了。

材料（1人份）

- 烤肉用牛小排…100克
- 喜歡的蔬菜…適量
- 沙拉油…2小匙

A 大蔥（切成碎末）…1/2根（50克）
麻油…1大匙
醋、砂糖、白芝麻…各1小匙
鹽…1/2小匙
胡椒…多多益善

作法

①用中火加熱平底鍋（26公分）裡的油，肉的表面先煎2分鐘，再翻過來煎30秒。把南瓜、青椒等喜歡的蔬菜切好，煎熟。

②盛飯，放上①，再淋上攪拌均勻的A來吃。

迅速地 15分

優點評比

~以牛先生為例~

里肌肉

嫩肩里肌、肋眼、沙朗……這些位於牛背部的肉統稱為「里肌肉」。有很多油花，令人全面投降！

嫩肩里肌

別具風味的油脂是嫩肩里肌有如小惡魔般的魅力。人稱「翼板肉」的珍貴部位也是嫩肩里肌的一部分。

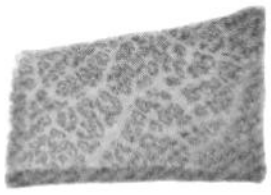

菲力

牛菲力又稱為牛腰肉。不用我說也知道，這是很高級的食材。紋理細緻的肉質在舌尖上演奏出悠揚的音色！

請給我牛肉！
我也要！

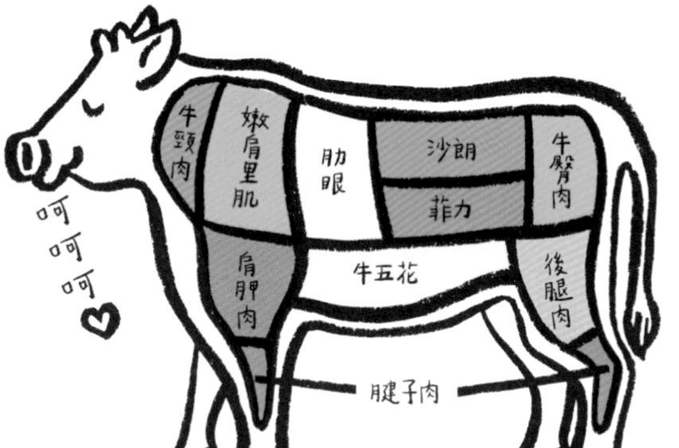
牛頸肉
嫩肩里肌
肋眼
沙朗
牛臀肉
菲力
肩胛肉
牛五花
後腿肉
腱子肉
呵呵呵♡

肉實在太好吃了！上面的食譜只用了牛小排，但也可以嘗試用其他的部位來做，會更像燒肉店，大力推薦。牛肉果然很偉大呢。

牛小排

「牛小排」原本是韓文，其實是指肋骨附近，也就是所謂的牛腹肉。風味很濃郁，油脂會讓飯更加甘甜！

後腿肉

味道太清淡，無滋無味？才不會呢。肉的美味全都濃縮在這裡了，愈嚼愈有味道。來吧，咀嚼吧！

要來點牛肉嗎？

懶惰鬼來賠不是了

烤肉用的肉很貴，所以1片就能吃下1碗飯。好好地為油脂比較多的牛小排調味，小口小口地咬下，再把白飯扒入口中，幸福無比。油脂會讓飯更加甘甜！只要買一盒6片裝的肉，就能吃掉6碗飯。這種食欲簡直跟國中男生沒兩樣。

利用昨天剩下的生魚片

日本料理店的 3種口味 醃漬海鮮蓋飯

要跳進去嗎？
意外的堅果

歡迎光臨。老夫專心做日本料理已經30年。剩下的生魚片就包在老夫身上吧。

生魚片經過醃漬會釋出多餘的水分，以濃縮的方式鎖住美味，會更有滋味，與白飯更對味。芝麻的香味也很撩人，直接吃就很好吃了。可是如果再放上一點佐料，淋上熱茶或冷茶，就能享受到3種不同的風味。

老夫會在佐料裡加入堅果或掰碎的米果，再加點麻油，踏上探險之路。這是「懂」吃的人才會做的事。

在店裡吃要1000圓，
但成本只要484圓！
抬腿
掰碎的米果

材料（1人份）

- 綜合生魚片（白肉魚、鮪魚、花枝等等）…100克
- A
  - 醬油…1大匙
  - 水…2小匙
  - 味醂、芝麻粉…各1小匙
  - 山葵醬…1/2小匙
- 白飯…200克
- 海苔…適量
- 紫蘇（切成細絲）…2～3片
- 蔥絲…適量

作法

①把A加到生魚片裡，仔細拌勻，在前一天醃漬好備用。如果當天才要醃漬，至少要醃漬10分鐘左右。

②海苔撕碎，撒在白飯上。再放上①，撒上紫蘇。可以利用蔥絲或加點茶來製造變化。夏天也可以改用冷茶。

迅速地 10分

魚的營養饒舌擂台

「魚」的種類琳琅滿目。營養也十分豐富。如果有想攝取的營養，不妨思考要選什麼魚！

白肉魚
鯛魚、鮭魚
GYO!
GYO!
軟體動物幾乎都是怪物！
VS
把靈魂賣給醬汁的傢伙！
GYYO!
海鮮
花枝、墨魚、蝦子
GYO!

➡熱量很低，所以可以吃很多。
➡肉質比紅肉魚或青背魚甘甜，所以能釋放出很多精華。
➡鮭魚其實是白肉魚。

➡花枝、章魚含有能提升體力或免疫力的牛磺酸，有助於促進酒精的代謝。
➡蝦子紅色的地方含有蝦紅素，是一種抗氧化物質。

紅肉魚
鮪魚、鰹魚
沒有主見，成群結黨的膽小鬼！GYO!
VS
你的人生可不會停下腳步
B
青背魚
鯖魚、沙丁魚、竹筴魚
GYO!

➡可以攝取到很多鐵質。
➡口感及甜度都跟肉一樣，吃起來很有飽足感。

➡內含的脂肪酸會隨著人體吸收而產生變化，發揮防止老化等效果。
➡遇到高溫會氧化，所以生食比烤更好吃。如果做成茶泡飯，還能攝取到溶解在茶湯裡的脂肪成分。

嗡……

GYO! GYO! GYO! GYO!

各式各樣的假日早午餐

說到底，假日到底是什麼？
假日是日常生活中的非日常。
不是每天周而復始的日常，
時間在假日流動的速度跟平常不太一樣。
因此假日的目的和度過假日的方法，
肯定也每週都不一樣。
想把重點放在晚餐的人、
想讓腸胃休息的人、想過得更愉快的人。
在這一章，不只「簡單地做出美味的餐點」，
還要更進一步地為各位介紹實現目的的假日早午餐。
「假期就要結束了，禮拜天的白天很憂鬱……」
我猜應該很多人都有這種心情，
午餐的探險具有讓這種心情煙消雲散的力量。
充分享受假日的點點滴滴後，
我們又得回到平常的軌道。

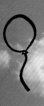

天氣很好，可惜沒有節目

帶著炸物三明治去野餐

蔚藍的晴空、熱情的太陽、不冷不熱的氣溫、以及一片空白的行事曆。

只要這些要素都到齊了，就可以出門野餐。

不用勉強自己一定要做便當。去超級市場買些炸物，夾進土司裡。只要做好塔塔醬，準備起來就會很輕鬆。

在公園的長椅上或家中的陽台吃午餐，都能充分感受到「啊，好放鬆啊！」的心情。

土司要烤過喔

材料（方便製作的分量）
- 土司（一條切成8片的薄片）…6片

豬排三明治
- 豬排（里肌肉）…1片
- 伍斯特辣醬油…2大匙
- 高麗菜（切絲）…100克

塗在麵包上的東西
- 奶油、芥末醬…適量

炸蝦三明治
- 炸蝦…2～3條

塗在麵包上的塔塔醬
- 水煮蛋（稍微切碎）…1顆
- 酸黃瓜（或者是切碎的洋蔥）…1大匙
- 美乃滋…2～3大匙
- 醋…1小匙

炸魚三明治
- 炸白肉魚…2片
- 洋蔥（切成薄片）…20克

塗在麵包上的東西
- 美乃滋…2大匙
- 粗粒黃芥末醬…1大匙

抱歉吶 20分

各種無聊的油炸雙關語

一面跳著草裙舞，
一面說著「油啊油」

鼓勵對方「不要露出那
種下油鍋的表情嘛！」

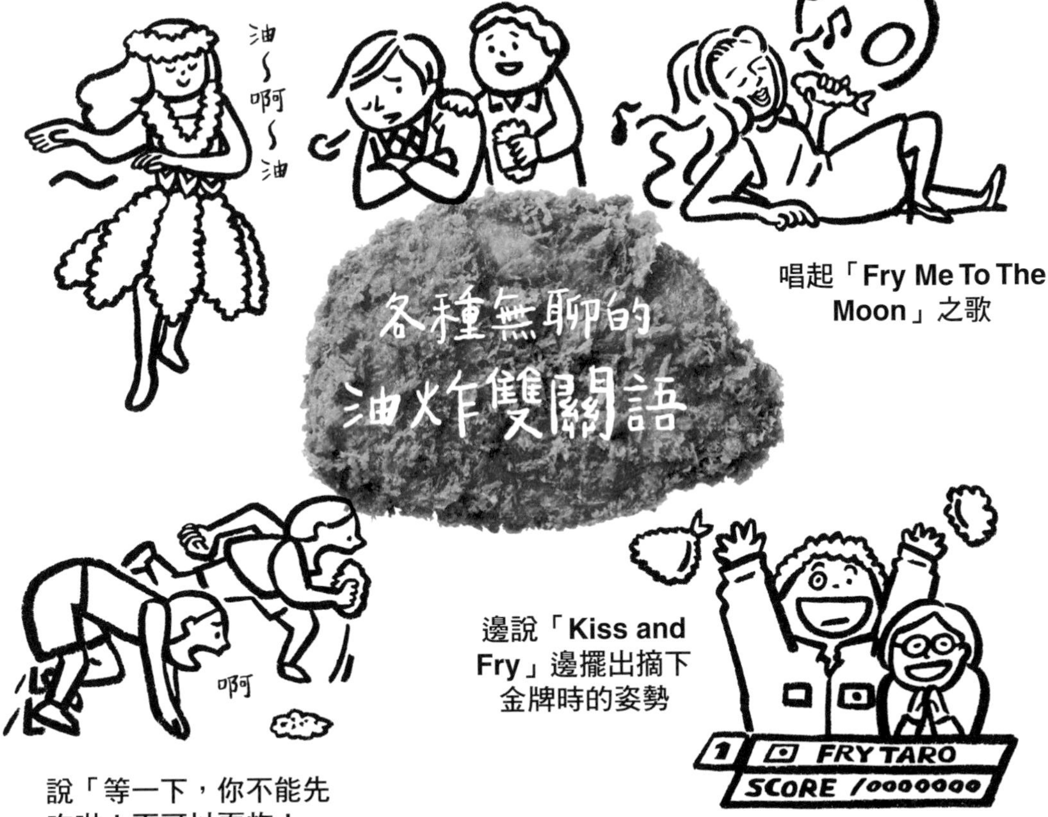

油～啊～油
啊
1 FRY TARO
SCORE /0000000

唱起「Fry Me To The
Moon」之歌

邊說「Kiss and
Fry」邊擺出摘下
金牌時的姿勢

說「等一下，你不能先
吃啦！不可以耍炸！」

懶惰鬼來賠不是了

我最喜歡下雨天在家裡吃午餐時看著窗外的風景了。那種「外面的世界紛紛擾擾，我卻輕輕鬆鬆地待在家裡～」的優越感到底該怎麼形容呢。呃，我的性格該不會很差吧？又懶惰，性格又差，到底該怎麼辦才好啊！？

吃太多了，想清清腸胃

健胃整腸沙拉

大家好，我是你的胃喔。這位仁兄，你是不是吃太多了？

你可能不知道，但分泌胃液其實需要用到很多熱量喔。

我聽說了，你今天放假對吧？那我也要休息！什麼？你說你想吃東西？真拿你沒辦法呀。加熱過的蔬菜比生吃、低脂的蛋白質比全脂的蛋白質更容易消化喔。順便也攝取一點屬於發酵食品的味噌吧。

啊，我聽見悅耳的聲音。太舒服了，讓我睡個午覺吧。晚上見。

迅速地 15分

材料（1人份）

- 四季豆…10根
- 秋葵…5根
- 豌豆莢…10根
- 雞柳（垂直切成兩半）…2條

A
綜合堅果（剁碎）…30克
大蔥（切成碎末）…30克
橄欖油…1/4杯
味噌…30克
味醂…2大匙

作法

①製作沙拉醬。把A放入小鍋，仔細拌勻，開中火。邊攪拌邊煮2～3分鐘。

②把食材排在平底鍋（20公分）裡，加入水（1/4杯）、沙拉油（1小匙），蓋上鍋蓋，開中火。

③煮滾後轉小火煮6分鐘，關火再燜5分鐘。

健胃整腸、一石二鳥！可以吃的沙拉醬

沙拉醬只是為了讓蔬菜變好吃？不不不，其實選對了沙拉醬，還可以同時得到「美味可口」與「健胃整腸」的效果。

生薑優格沙拉醬

可以同時攝取到優格的乳酸菌，是很營養的沙拉醬。刺激的生薑令人通體舒暢，可以感覺得出來對身體很好。

材料（1人份）

- 原味優格…4大匙
- 醋、醬油、沙拉油…各1大匙
- 砂糖、生薑（軟管）…各1小匙

豆漿沙拉醬

既清爽又濃郁的豆漿。富有層次的酸味與青澀的蔬菜十分對味，而且無負擔，好吃到停不下來。不含動物性蛋白質，所以也不會脹氣！

材料（1人份）

- 豆漿…4大匙
- 醋、沙拉油…各1大匙
- 砂糖…1小匙
- 鹽…1/2小匙

蘋果沙拉醬

紅色的皮會變成粉紅色，是十分賞心悅目的沙拉醬。蘋果請選用較酸的富士蘋果或紅龍蘋果。新鮮的甜味與香氣最適合用來清腸胃了。

材料（1人份）

- 蘋果（直接帶皮磨成泥）…1/4個（50克）
- 醋…2大匙
- 沙拉油…1大匙
- 砂糖…1小匙
- 鹽…1/2小匙

今晚要出去吃飯，所以不想吃太飽

前菜草鍋

大家好。我是你的胃。什麼？你說今晚要出去吃飯？既然如此，中午就吃得清淡一點吧。因為如果連午飯都還沒消化，難得出去吃飯也不能敞開來享用吧？

什麼？你想大吃大喝？又來了。真拿你沒辦法。那就把這道草鍋當成晚餐的「前菜」吧。如果是加熱過的蔬菜和比較容易消耗熱量的蛋白質，就算吃撐了，也很快就能消化。山藥泥醬汁也很美味喔。

中午先吃這些墊墊胃，晚上我才願意拚了老命地加班工作。拜託你了！

材料（1人份）

- 油豆腐…1片
- 萵苣…2～3片
- 水菜…50克
- 甜椒…1/4個
- 金針菇…50克

A 水…1又1/2杯
昆布（5公分見方）…1片
味醂…1大匙
醬油…1小匙
鹽…1/2小匙

- 山藥…淨重100克
- 柚子胡椒…1/2小匙

作法

①去除油豆腐表面的油脂，切成2公分寬。萵苣撕碎，甜椒切絲，水菜切成7公分寬。金針菇撕成小撮。

②山藥削皮，磨成泥，與柚子胡椒攪拌均勻。

③把A放進鍋子裡，開中火，煮滾後加入適量的①煮熟，再沾②來吃。

迅速地 10分

豆腐家族

我們豆腐家族不僅能攝取到蛋白質，而且很好消化。
如果覺得「夏天吃火鍋好熱」，不妨連同陶鍋整個放進冰箱裡，做成豆腐沙拉。
納豆、紫蘇、柚子胡椒，看是要搭配什麼食材，將左右假日的命運……！

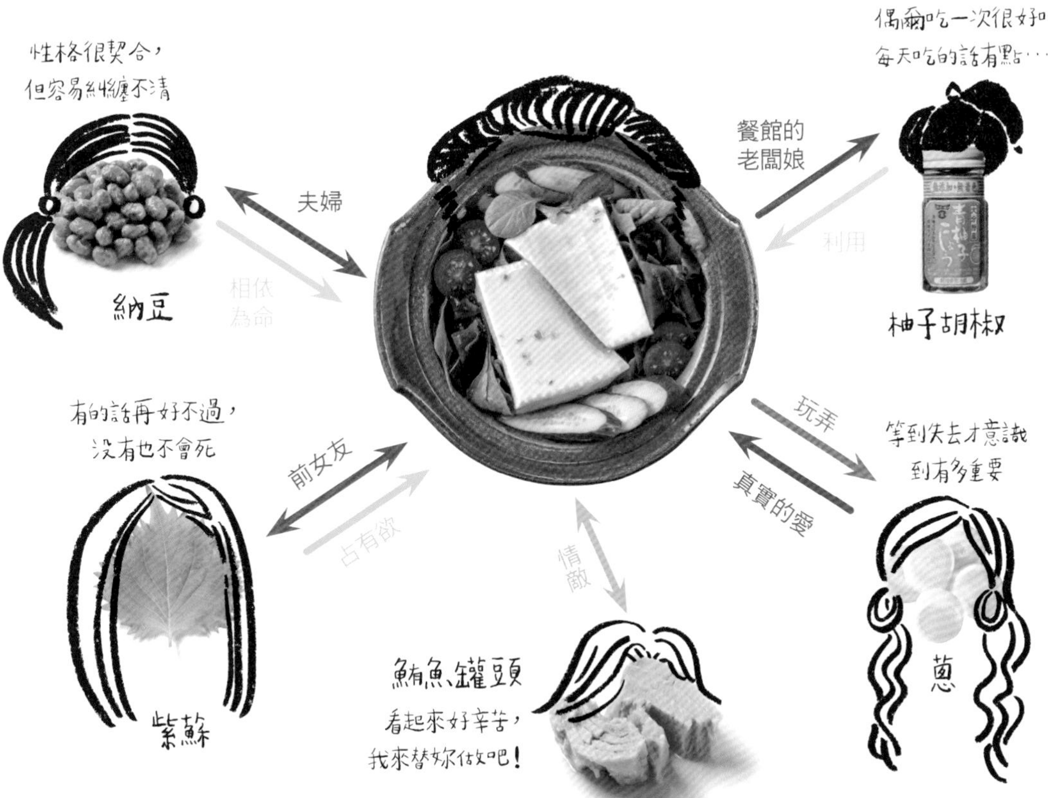
性格很契合，
但容易糾纏不清
納豆
夫婦
相依為命
餐館的老闆娘
利用
偶爾吃一次很好吃，
每天吃的話有點……
柚子胡椒
有的話再好不過，
沒有也不會死
前女友
占有欲
紫蘇
情敵
鮪魚罐頭
看起來好辛苦，
我來替妳做吧！
玩弄
真實的愛
等到失去才意識
到有多重要
蔥

懶惰鬼來賠不是了

考慮到追求養生的人，我才加入這道草鍋，但我個人會加入鑫鑫腸之類的食材，還會打顆蛋，最後甚至會倒入白飯來結束這一回合。這已經不是「草鍋」了吧。比較像是出現在草原上的獅子……。

今晚要
開宴會!!

希望能更有假日的感覺

不像話的大白天下酒沙拉

最容易感受到假日的情緒，那就是「不像話」的感覺。心想「昨天這個時候還在工作呢」，邊打開葡萄酒的瓶蓋，對著太陽舉杯。當心中那個認真的自己露出困擾的表情時，更能感受到「假日」的歡愉。

可是如果連下酒菜都是油炸物的話，「不像話」的感覺可能會變成「罪惡感」，這種人就吃沙拉吧。

紅酒、白酒、氣泡酒。今天要從哪一種酒開始喝呢？

共通的沙拉醬

【材料】

- 醋、沙拉油…各 4 大匙
- 柳橙汁（100% 果汁）…2 大匙
- 鹽、芥末醬…各 1 小匙
- 胡椒…少許

裝進小瓶子或保鮮盒裡，充分搖勻。

全都是1500圓左右就能買到的酒。以葡萄酒來說算便宜吧？

熱愛葡萄酒的
小田真規子
牛飲——
我們喝果汁就好了

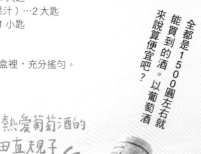

生火腿水果沙拉

迅速地 7分

材料（1人份）

- 生火腿（帕瑪火腿）…4～6片
- 蘿蔓萵苣…2片
- 喜歡的莓果…50克
- 切片水果（鳳梨）…50克
- 莫札瑞拉起司…30克

作法

材料全部切或撕成便於食用的大小。與共通的沙拉醬（2～3大匙）一起放進調理碗拌勻即可盛盤。

小田真規子推薦的酒

氣泡酒

咻咻作響的氣泡在口中彈跳著，
高呼「特別！」「特別！」
附帶一提，
只有法國香檳省生產的氣泡酒
才能叫作「香檳」喔。

義大利（唯內多區）

葡萄品種…黑皮諾、拉波索

其實是玫瑰氣泡酒與生火腿比較對味。富有蘋果、覆盆子等水果及花香味，喝下的瞬間就會得到撫慰，是一款很華麗的葡萄酒，但其實不甜。

作者推薦的葡萄酒

波特嘉酒廠詩人酒窖系列玫瑰微甜氣泡酒

西班牙（加泰隆尼亞）

葡萄品種…馬卡貝奧、潘納拉達、洽雷歐

這款葡萄酒與生火腿、橄欖十分對味。酸味與香醇馥郁的比例恰到好處。加泰隆尼亞是西班牙氣泡酒的代表生產地。但其實不甜。

作者推薦的葡萄酒

Cava MVSA Brut

法國（波爾多地區）

葡萄品種…夏多內

口感鋒利，但又充滿果香。細緻的氣泡久久不散是其特徵。口感十分清爽，所以喝了不會覺得有負擔，讓人沉醉在美好的餘韻裡。但其實不甜。

作者推薦的葡萄酒

雅釀絲布薇乾氣泡酒
白中白氣泡酒

白酒

我建議用南法的夏多內搭配煙燻鮭魚。生長在溫暖地帶的夏多內芬芳撲鼻，比起燻製的香味毫不遜色。與海鮮十分對味的灰皮諾也不錯，請冰得透心涼再喝。

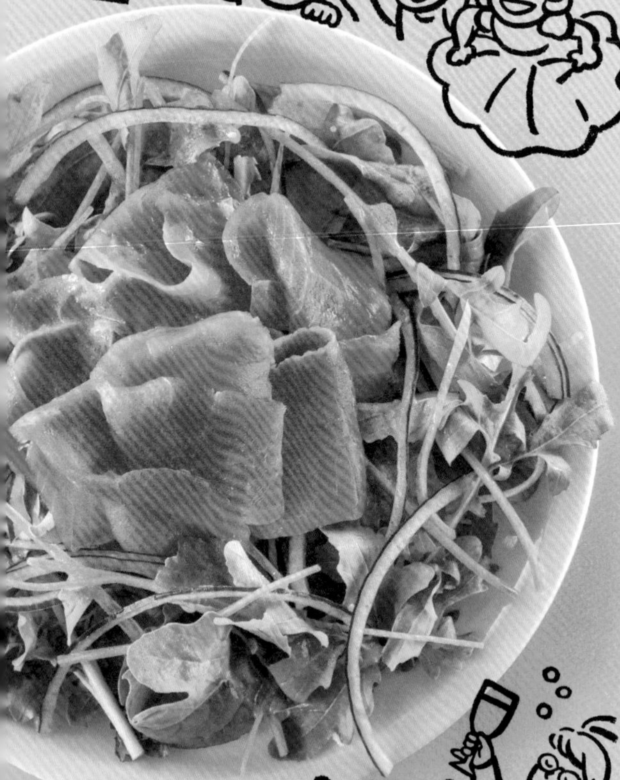

法國（隆格多克省）
葡萄品種…夏多內

檸檬及柳橙等柑橘的香氣感覺神清氣爽。稜角分明的酸味也令人通體舒暢，真想永遠喝下去，怎麼喝也喝不膩。是充滿南法風味，大家都很熟悉的葡萄品種。

作者推薦的葡萄酒

法國百年磨坊酒莊夏多內葡萄酒

紐西蘭
葡萄品種…灰皮諾

有如香辛料般的香味比較有個性。由各種不同產地的灰皮諾混合釀造而成，因此香氣及滋味都很複雜。具有因為濃縮而顯得洗練的口感。

作者推薦的葡萄酒

瑪麗亞莊園精選灰皮諾白酒

煙燻鮭魚芝麻葉沙拉

材料（1人份）
- 煙燻鮭魚…6片
- 芝麻葉（切成5公分長）…30克
- 紅蘿蔔（切絲）…20克
- 紫洋蔥（切片）…1/4個

作法

把蔬菜放入調理碗中，與共通的沙拉醬（2～3大匙）拌均即可盛盤。再放上撕成大塊的煙燻鮭魚。

紐西蘭
葡萄品種…白蘇維濃

特色在於柑橘的香味與清爽的口感。這就是白蘇維濃的風格。尾韻雖然帶點微微的辛辣，但是圓潤溫和的味道很容易入口。與香煎海鮮、雞肉都很對味喔。

作者推薦的葡萄酒

瑪麗亞莊園精選白蘇維濃白酒

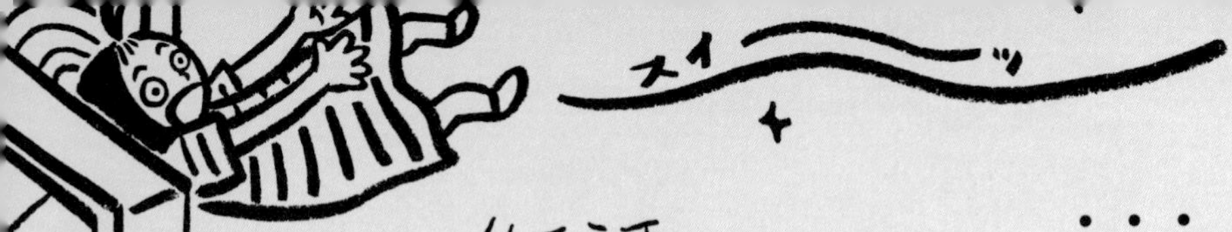

紅酒

各位是否都認為「肉要配紅酒」是常識。沒錯，這是常識喔。不過如果是烤牛肉和略帶苦味的蔬菜組合，一定要選「輕盈一點的紅酒」。最好是具有適度的酸味，甜度和澀味比較低的。

法國（波爾多）

葡萄品種…梅洛、卡本內 - 弗朗

隱約有股焦糖的味道，圓潤溫和又有深度，讓人聯想到果實或栗子。具有黑醋栗或木莓之類的甘甜氣味。與使用了香辛料的料理十分對味，是很適合中午喝的波爾多葡萄酒。

作者推薦的葡萄酒

聖美堡酒莊超級波爾多

阿根廷

葡萄品種…卡本內蘇維濃

這款葡萄酒喝起來的感覺就像加了胡椒之類的香辛料，令人印象深刻。具有恰到好處的厚重與苦澀，很順口。阿根廷的葡萄酒 CP 值很高，評價還不錯。白天喝也不傷荷包喔。

作者推薦的葡萄酒

卡帝那沙巴達酒莊艾拉蒙斯系列卡本內蘇維濃紅酒

義大利（托斯卡尼區）

葡萄品種…山吉歐維列、阿利坎特

哎呀真不可思議，居然有不會留下澀味的紅葡萄酒，也不怎麼酸，風味濃郁，有一種優雅的厚重感，再加上適度的香料味。很適合初夏或午後想來一杯的時候。

作者推薦的葡萄酒

Mazzei Belguardo Serrata

烤牛肉水芥菜沙拉

迅速地 7分

材料（1人份）

- 烤牛肉…8片
- 水芥菜（切成5公分長）…30克
- 大蔥（斜切成薄片）…30克
- 小番茄（對半切開）…4顆
- 綜合堅果…20克
- 粗粒黑胡椒…少許

作法

把蔬菜、烤牛肉放入調理碗中，與共通的沙拉醬（2～3大匙）拌均即可盛盤。再撒上粗粒黑胡椒、敲碎的堅果。

懶惰鬼來賠不是了

白天我都喝啤酒。因為晚上也想喝，所以會兑柳橙汁或番茄汁。這樣可以喝比較久，結果都喝到三更半夜。不像話？那是什麼？可以吃嗎？

什麼都不想做了……

甜麵包配咖啡

好了，截至目前為各位介紹過各式各樣的探險，但是偶爾也會出現「什麼都不想做」的時候吧。

沒有一本食譜會這樣教，但是那樣的日子就買麵包吧。為了維持作者的尊嚴，至少請容我介紹幾種麵包與咖啡的組合。

午餐不只「做」，「品嘗」也是一種探險。倘若能發現自己喜歡的「美味」，不只肚子，心靈也能得到滿足。

法式焦糖奶油酥 & 帶點酸味的咖啡

法式焦糖奶油酥是一種「甜到極點」的食物。硬硬脆脆的砂糖和以大量奶油製成的酥餅，在口中交織出悅耳動聽的二重奏。建議搭配坦尚尼亞產的吉力馬扎羅咖啡或肯亞咖啡等帶點酸味的咖啡。

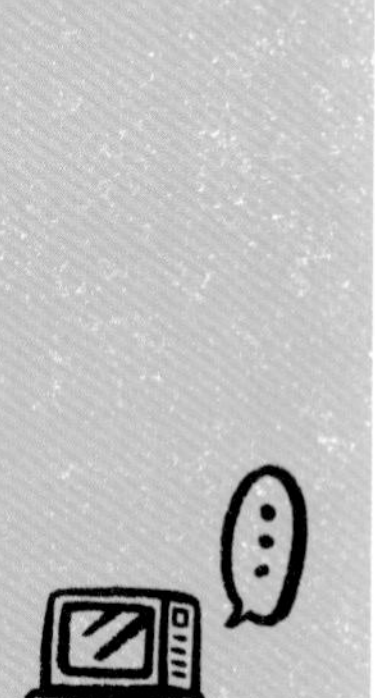

年輪蛋糕 & 咖啡歐蕾

年輪蛋糕的口感十分濕潤鬆軟。奶香味十足的咖啡可以讓年輪蛋糕的美味倍增，咖啡淡淡的苦澀還能帶來撫慰。

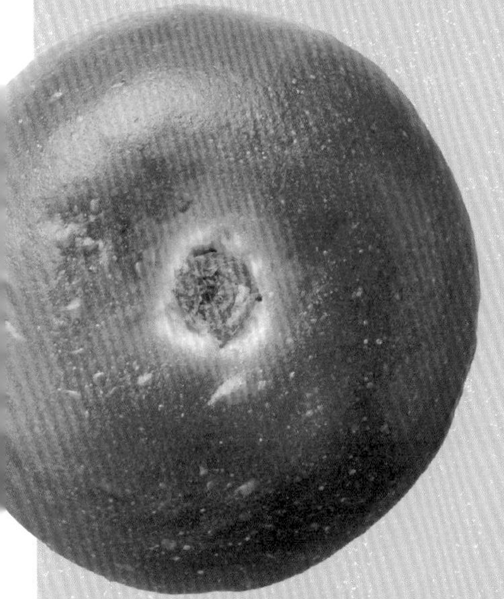

紅豆麵包 & 肉桂牛奶咖啡

各位可知道，紅豆與肉桂其實是天作之合嗎？紅豆的風味很強烈，再加上肉桂的香料感，意外地好吃，會讓人發出驚嘆聲。牛奶與紅豆的對味程度就不用我再多說了。

卡士達派 & 深焙咖啡

卡士達派是把蛋的優點發揮到淋漓盡致的麵包。深焙咖啡的苦澀則讓卡士達醬的甜膩變得溫和柔順，更加突顯出其風味。啊！隨便啦，我只想趕快開動！

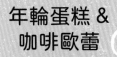

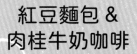

地圖
烏龍麵芭蕾名伶們的劇場
豆芽菜王國
MOYASHI MOYASHI
麵之島
可怕的
碟子地獄！
醬汁
勾芡沼澤
二度就業的
調味料森林
義大利麵
妖怪出現了
馬不停蹄的
江戶小孩蕎麥太郎
只有義大利麵的
餐廳
遇見小黃瓜
一行人的地方
土子的花園
炒飯詩人
住的地方
隨便戰隊
的房間
壽司桶跳舞的
會場
米之島
頭募樂流
空手道場
烤飯詩人住的
地方
全都是禮拜天
的時空夾縫
焗烤婆婆的家

下次放假的時候要去哪裡？
麵包之島
鹽抓水族館
漢堡山
只有斑馬的動物園
校園鬆餅戰爭
盤餐商店街
烤雞店
日本料理店
烤肉店
沖繩料理店
簡餐店
小田真規子的葡萄酒窖
午餐王國
烘焙坊 & 咖啡館
清腸胃的城堡食堂
野餐的庭園

國家圖書館出版品預行編目資料

假日有時也想輕鬆煮 / 小田真規子, 谷綾子著 ; 賴惠鈴譯. -- 初版. -- 新北市 : 幸福文化出版社出版 : 遠足文化事業股份有限公司發行, 2022.06
面 ; 公分. -- (滿足館 ; 71)
譯自 : 休日が楽しみになる昼ごはん
ISBN 978-626-7046-75-3(平裝)
1.CST: 烹飪 2.CST: 食譜

427　　111005586

滿足館 0071

假日有時也想輕鬆煮

休日が楽しみになる昼ごはん

料　　理：小田真規子
文　　字：谷綾子
翻　　譯：賴惠玲
責任編輯：林麗文
封面設計：木木 lin
內文排版：王氏研創藝術有限公司
印　　務：江域平、黃禮賢、李孟儒、林文義

總 編 輯：林麗文
副 總 編：梁淑玲、黃佳燕
主　　編：高佩琳、賴秉薇、蕭歆儀
行銷企劃：林彥伶、朱妍靜

社　　長：郭重興
發行人兼出版總監：曾大福
出　　版：幸福文化／遠足文化事業股份有限公司
地　　址：231 新北市新店區民權路 108-1 號 8 樓
網　　址：https://www.facebook.com/happinessbookrep/
電　　話：(02) 2218-1417
傳　　真：(02) 2218-8057
發　　行：遠足文化事業股份有限公司
地　　址：231 新北市新店區民權路 108-2 號 9 樓
電　　話：(02) 2218-1417
傳　　真：(02) 2218-1142
電　　郵：service@bookrep.com.tw
郵撥帳號：19504465
客服電話：0800-221-029
網　　址：www.bookrep.com.tw

法律顧問：華洋法律事務所　蘇文生律師
印　　刷：通南印刷

初版一刷：2022 年 7 月
定　　價：360 元

【作者】

小田真規子
料理研究家、營養師。以「任何人都能做，考慮到健康，簡單又好吃的料理」為宗旨的著作超過 100 本，其中介紹料理的基礎與做起來放的常備菜的書皆為暢銷書。著有《一個人的小鍋料理》、《越簡單越健康！看圖學做 100 分營養料理》、《超圖解新手料理課》、《懶惰鬼的幸福早餐》。

谷綾子
編輯。經手過的作品有《一日幸福早餐》、《最近我有點脆弱或許是因為每天都隨便亂吃》、《比喻的技巧》、《便便國字練習簿》《失敗圖鑑》等等。

【日文原書編輯人員】
AD　三木俊一
デザイン　中村妙（文京図案室）
イラスト　仲島綾乃
撮影　志津野裕計、大湊有生、石橋瑠美（クラッカースタジオ）
スタイリング　本郷由紀子
調理スタッフ　清野絢子、長谷川舞乃（スタジオナッツ）
ハイパークリエイティブディレクター　大野正人
校正　株式会社ぷれす